教育部哲学社会科学重大攻关研究项目“我国海洋可持续发展与海岛振兴战略研究（18JZD059）”资助研究成果

区域协调发展视角下拓展海洋发展空间研究

曹忠祥　著

海洋出版社

2021年·北京

图书在版编目（CIP）数据

区域协调发展视角下拓展海洋发展空间研究/曹忠祥著. —北京：海洋出版社，2021. 11

ISBN 978-7-5210-0850-0

Ⅰ. ①区… Ⅱ. ①曹… Ⅲ. ①海洋经济-区域经济发展-研究-中国 Ⅳ. ①P74

中国版本图书馆 CIP 数据核字（2021）第 229979 号

策划编辑：任 玲
责任编辑：赵 娟
责任印制：安 淼

海洋出版社 出版发行

http：//www. oceanpress. com. cn

北京市海淀区大慧寺路 8 号 邮编：100081

鸿博昊天科技有限公司印刷 新华书店发行所经销

2021 年 11 月第 1 版 2021 年 11 月北京第 1 次印刷

开本：710mm×1000mm 1/16 印张：15. 5

字数：230 千字 定价：118. 00 元

发行部：010-62100090 邮购部：010-62100072 总编室：010-62100034

前　言

在我国全面建成小康社会、开启全面建设社会主义现代化国家新征程的重要历史时期，我国发展面临的国际国内环境正在发生深刻的变化。从国际看，世界正面临百年未有之大变局，新一轮科技革命和产业变革步伐加快，经济全球化遭遇逆流，新冠肺炎疫情影响广泛而深远，国际力量对比产生重大调整，国际环境日趋复杂，多因素叠加效应下的经济发展不稳定性、不确定性明显增加。从国内看，我国已由高速增长转入高质量发展阶段，经济社会发展的不平衡不充分问题进一步凸显，统筹发展与安全受到高度重视，贯彻落实新发展理念和加快构建新发展格局的战略导向对经济发展方式转变提出更高的要求，如何突破经济发展的诸多“瓶颈”制约、挖掘新的经济增长动力、拓展新的经济发展空间、协调经济增长和资源环境保护的关系、保障国家经济发展安全，成为当前和今后一段时间内我国经济发展的重大战略命题。

面对新形势新要求，区域发展在国家战略全局中的重要性进一步提升。一方面，区域发展差距仍是我国当前发展不平衡不充分的集中体现，而且呈现出新的特点。在新的历史时期，东西发展差距依然是我国区域发展差距的主要方面，但与此同时，四大板块内部发展分化所导致的南北差距拉大作为区域发展的新动向正在受到越来越多的关注，区域间创新能力差异对区域发展格局的影响也呈现出不断加强的趋势。另一方面，区域协调发展作为推动高质量发展、构建新发展格局的重要抓手，在国家全面现代化建设中扮演着重要角色。全面现代化不仅要解决好欠发达地区发展水平低、创新发展能力不足的问题，还要通过欠发达地区加大发展投入、加快发展进程，来挖掘内需对国家经济增长的拉动潜力；同时要发挥发达地区率先现代化的引领作用，突出解决沿海地区普遍存在的资源环境约束加剧、发展空间不足、产业转型升级和外迁压力大等问题，其中海洋发展潜力的挖掘日益成为沿海地区发展动力营造的重要路径。

人类经济活动受海洋的吸引是长期趋势，我国海陆自然地理国情决定了在未来很长时间内沿海地区仍将在高质量发展和“双循环”新发展格局构建中发挥主导作用，由此赋予了海洋开发突出重要的战略地位。在新的历史条件下，海洋作为国土开发和区域协调发展的重要组成部分，已成为高质量发展的战略要地，也是构建陆海内外联动和东西双向互济开放格局的重要前沿，对拓展生存和发展空间、缓解资源特别是能源压力、培育新的经济增长点、扩大对外开放和保障国家安全等方面发挥出越来越重要的作用，在国家特别是沿海地区现代化建设中受到普遍重视。继国家“十二五”规划提出实施海洋开发，提高海洋开发、控制和综合管理能力，发展海洋经济之后，国家“十三五”规划和“十四五”规划均将坚持陆海统筹、发展海洋经济、建设海洋强国作为区域协调发展的重要内容，沿海地区对陆海统筹发展的重视程度也空前提高，凸显了海洋在区域协调发展中的重要地位。

近年来，学术界围绕陆海统筹发展从国家和地区层面、从不同专业领域展开了许多探索性的研究工作，大量研究成果的问世推动了对陆海统筹战略思想认识的不断加深，对国家相关发展战略与规划制定以及沿海地区发展实践起到了重要指导作用。但是，相较于快速发展的区域和海洋经济实践，陆海统筹发展研究仍有待进一步深化，适应新形势变化的海洋发展空间拓展及其与区域协调发展战略的有效衔接还没有完全破题，迫切需要加强这方面的研究工作。

本研究以国家陆海统筹战略思想为引领，密切跟踪国内外发展环境和海洋经济发展形势新变化，结合我国海洋经济发展、对外开放全面推进及沿海地区加快转型发展的现实需求，尝试从区域协调发展视角探析海洋开发和海洋经济发展问题。研究重点聚焦以下几个方面：第一，基于对我国区域发展战略演变历程的评析，深刻认识海洋发展战略地位变化的区域发展动因，揭示新形势下海洋在区域协调发展中的地位与作用，提出海洋发展空间拓展的基本理论框架；第二，围绕国土、产业、开放三个主要空间维度，问题导向和目标导向相结合，研究提出拓展海洋发展空间的主要方向、重点任务和实施路径；第三，顺应国家加强生态文明建设的基本要求，从夯实区域协调发展和海洋发展空间拓展的资源环境基础视角，深入分析海陆资源环境系统相互关系及其当前的主要矛盾和问题，提出海陆生态环境一体化统筹治理的重点任务，并重点就渤海生态环境治理问题提出有针对性的对策建议；第四，突出科技和制度创新对海洋发展空间拓展的动力支撑作用，研究提出提升海洋科技创新能力、加强制度创新供给的重点任务和举措。

作为一项拓展性研究，本研究成果是在笔者多年来完成的陆海统筹、海洋开发、海洋经济发展等方面相关研究基础上形成的，是对以往研究成果的进一步深化。书稿写作过程中，中国科学院大学吕晨副教授给予了友情相助，在部分章节的资料收集和整理方面付出了大量精力。在此表示衷心的感谢！

受能力水平和时间精力的限制，本研究肯定有许多不够深入的地方，错误和纰漏也在所难免，望广大读者不吝赐教，批评指正！

目　录

第一章 海洋与区域协调发展的关系思辨

在我国，海洋在国民经济发展中地位的变化和作用的发挥是伴随着区域发展格局的变化而变化的，不同时期不同战略导向下的区域发展战略实施深刻影响着海洋开发进程，海洋发展和区域发展有着千丝万缕的联系。在新的历史时期，随着以协调发展为主题的区域发展战略深入实施，海洋作为国土开发重要地理单元的地位确立，海洋经济在国家和地区经济发展中的重要作用日益彰显，海洋发展已经成为拓展区域发展空间、促进区域协调发展的关键领域和环节，并被赋予新的时代内涵。

一、新时代区域协调发展的战略走向

中华人民共和国成立以来，根据国家发展和安全形势以及不同历史时期国家发展目标的变化，围绕效率与公平关系处理的核心命题，我国区域经济发展战略经历了不断地调整。成立初期，为解决旧中国遗留下来的国民经济基础薄弱、物资匮乏和地区发展严重不平衡等问题，并出于应对日益恶化的国际地缘政治安全形势需要，国家实施了以“加强内地建设、平衡生产力布局、巩固国防”为主要内容的“工业西进”和“三线建设”区域发展战略①，在很大程度上奠定了国家经济特别是工业发展基础，扭转了旧中国工业生产过分倚重“上青天”的不合理布局，也在缩小内地与沿海发展差距方面发挥了积极的作用、取得了一定成效。但是，由于在计划经济体制下的区域发展战略设计忽略了地区间发展条件的差异，中西部内陆地区“嵌入式”

---

① 郭爱君，陶银海，毛锦凰．协同发展：我国区域经济发展战略的新趋向——兼论“一带一路”建设与我国区域经济协同发展［J］．兰州大学学报（社会科学版），2017（4）：11-18。

工业生产布局机械照搬苏联地域生产综合体模式所形成的众多分散布局的“大而全”“小而全”的地域生产体系违背了生产力布局的客观规律，在严重损伤经济发展效率和社会效益的同时，也给沿海与内地发展关系的协调带来隐患。

改革开放以来，伴随着我国经济发展体制由计划向市场的逐步转型，区域经济发展战略设计更加注重发挥地区比较优势、提高资源配置效率，由沿海向内地渐进式的改革开放政策效应所导致的中西部地区与沿海地区发展差距的拉大成为区域发展面临的重大问题，兼顾效率与公平的区域协调发展成为区域发展战略的主题，并不断被赋予新的时代特色和内涵。

（一）改革开放以来区域发展的战略演变

纵观改革开放以来我国区域发展历程可以看出，区域发展战略的演进大体经历了由点到面、点面结合的几个不同历史时期：效率优先兼顾公平的非均衡发展战略形成了我国沿海与内地差异化发展格局；统筹协调发展战略在保证效率的同时，突出公平导向，形成了以西部大开发、东北振兴、中部崛起和东部率先发展的“四大板块”区域总体发展格局①；在经济新常态背景下，伴随着“一带一路”建设加快推进和京津冀协同发展、长江经济带发展、长三角一体化、粤港澳大湾区建设、黄河流域生态保护与高质量发展“五大战略”的实施，以及高质量发展和以国内大循环为主体、国内国际双循环相互促进的新发展格局构建战略导向的提出，提质增效兼顾公平、统筹实施“四大板块”和“五个战略支撑区”的区域发展总体战略趋于形成，成为新时代促进区域协调发展的基本遵循。

1. 效率优先的沿海地区重点发展阶段（1979—1991 年）

以 1978 年中共十一届三中全会的胜利召开为标志，我国开启了

---

① 齐元静，杨宇，金凤君．中国经济发展阶段及其时空格局演变特征［J］．地理学报，2013（4）：517-531。

改革开放的伟大历史进程，在此后长达10多年、跨越两个多五年计划的时期，坚持效率优先、鼓励一部分地区先富起来、提高国民经济发展整体水平成为这一时期国家经济政策的主导方向，由此也引发了对中华人民共和国成立以来以内地为重点的地区生产力布局方向的调整，形成了“两个大局”① 的战略构想。按照这一战略构想，考虑到沿海地区相对良好的经济基础和滨海的地理位置优势，无论是“六五”时期沿海和内地的国土开发空间格局划分还是“七五”时期的东、中、西“三大地带”建设，国家均将优先发展条件更为有利的沿海地区作为撬动整个国家经济发展的杠杆，在投资、财税、信贷等方面对东部沿海地区实行优惠政策，优先在东部沿海地区发展外向型经济，鼓励东部沿海地区积极主动地参与国际竞争与国际合作，以此推动沿海地区的率先开放、率先改革和率先发展，进而辐射带动中西部发展，从而实现全国经济共同发展的目标。在此期间，国家在东部沿海地区先后设立了深圳、珠海、汕头、厦门、海南5个经济特区和14个沿海港口开放城市以及长江三角洲、珠江三角洲等5个沿海经济开放区，有力促进了东部沿海地区经济的快速发展，使之成为推动我国经济增长的重要力量，短期内促进了我国国民经济总体发展水平的显著提升。

2. 保持效率兼顾公平的区域发展战略调整阶段（1992—1998年）

改革开放初期非均衡发展战略的实施，使东部沿海地区显现出了极大的经济发展活力，推动了整个国民经济的高速发展，但同时也带来了区域发展不平衡、地区间发展差距拉大以及各地重复投资、重复建设、地方保护主义日益盛行等问题②。为此，从“八五”时期开

① “两个大局”思想是邓小平在1988年提出来的。所谓“两个大局”，一个大局就是东部沿海地区加快对外开放，使之先发展起来，中西部地区要顾全这个大局；另一个大局就是当发展到一定时期，比如20世纪末全国达到小康水平时，就要拿出更多力量帮助中西部地区加快发展，东部沿海地区也要服从这个大局。

② 陈秀山，杨艳．我国区域发展战略的演变与区域协调发展的目标选择［J］．教学与研究，2008（5）：5-12。

始，国家着手对区域发展战略进行调整，在继续保持东部沿海地区率先发展的基础上，逐步做出了加快中西部地区发展的若干决策，区域发展进入由效率优先的非均衡发展向效率优先兼顾公平的非均衡发展的调整阶段。

1992 年，以邓小平南方谈话为契机，我国东部沿海地区对外开放再次进入快车道，与此同时，中西部地区发展差距拉大问题也开始受到中央决策层的关注，当年召开的党的十四大正式将解决地区差距、实现区域协调发展作为战略任务，并提出要按照因地制宜、合理分工、优势互补、共同发展的原则促进地区经济的合理布局和健康发展。党的十四大之后，我国对外开放政策开始由沿海向内地逐步扩展，陆续开放了 5 个长江沿岸城市、4 个边境城市、沿海地区省会城市、11 个内陆地区省会城市，实行沿海开放城市的政策，初步形成了全方位对外开放的新格局。1995 年 9 月，中国共产党第十四届五中全会明确提出要坚持区域经济协调发展，逐步缩小地区发展差距。1996 年 3 月，第八届全国人民代表大会第四次会议通过的《国民经济和社会发展第九个五年计划纲要》，提出要按照统筹规划、因地制宜、发挥优势、分工合作、协调发展的原则，正确处理全国经济发展与地区经济发展的关系，正确处理建立区域经济与发挥各省区市积极性的关系，正确处理地区与地区之间的关系，要求各地区在国家规划和产业政策指导下选择适合本地条件的发展重点和优势产业，避免地区间产业结构趋同化，促进各地经济在更高的起点上向前发展。1997 年，党的十五大报告进一步强调要促进地区经济合理布局和协调发展，逐步缩小地区发展差距。随着国家区域发展战略方针的逐步调整和相关政策的实施，中西部地区发展步伐明显加快，与东部沿海地区发展差距拉大的势头得到了一定程度的遏止。

3. 注重公平兼顾效率的区域协调发展战略全面实施阶段（1999—2012 年）

在世纪之交的 1999 年，党中央国务院审时度势提出了西部大开发的战略部署，开始将中西部内陆地区的发展提升到了前所未有的战略高度，标志着我国区域协调发展战略进入全面实施阶段。2001 年，《国民经济和社会发展第十个五年计划纲要》提出“实施西部大开发战略，加快中西部地区发展，合理调整地区经济布局，促进地区经济协调发展”。2002 年，党的十六大提出“积极推进西部大开发，促进区域经济协调发展”，“实施海洋开发”也首次在党中央的文件中被正式提出。2003 年，党的十六届三中全会《中共中央关于建立社会主义市场经济体制若干问题的决定》提出“统筹城乡发展、统筹区域发展、统筹经济社会发展、统筹人与自然和谐发展、统筹国内发展和对外开放”的“五个统筹”新要求，明确将“统筹区域发展”作为国土空间开发和区域发展的战略指导原则，提出积极推进西部大开发、有效发挥中部地区综合优势、支持中西部地区加快改革发展，振兴东北地区等老工业基地，鼓励东部有条件地区率先基本实现现代化。2003 年9 月和2004 年3 月，东北等老工业基地的振兴发展战略和促进中部地区崛起的发展战略相继出台。2005 年党的十六届五中全会提出实施区域发展的总体战略，要继续推进西部大开发，振兴东北地区等老工业基地，促进中部地区崛起，鼓励东部地区率先发展，形成东中西互动、优势互补、相互促进、共同发展的新格局。

至此，我国区域发展战略重点完成了由东部到西部、再到东北部和中部的“三级跳”，形成了以协调发展为主题、以“四大板块”为支撑的区域发展总体战略的基本框架。在此后贯彻整个“十一五”规划直至党的十八大之前的很长一个时期，国家以区域总体战略为基本框架，通过优化国土开发空间格局的主体功能区规划、强化区域政策地区指向的重点区域和跨区域规划、重点人口经济集聚区（城市群）配套改革试验区的设立等，进一步推进“四大板块”区域政策的深化、细化和实化，一系列海洋事业、海洋经济发展相关重大规划的制定与实施也有力地推动了区域政策向海洋领域的拓展。这一时期，得益于区域战略、政策的细化和实化，中西部地区发展长期处于落后状态的局面得到一定程度的扭转，一批重要的区域增长极得以形成并发挥重要的支撑作用，一批贫困地区实现了跨越式发展，区域经济迅猛发展，区域格局明显优化。

4. 新常态下以提质增效为导向的区域总体战略实施阶段（2013年至今）

受2008年国际金融危机及其滞后效应的影响，全球经济结构和空间格局加快调整，以美国为首的西方国家加快经济“脱虚就实”和“再工业化”进程，逆全球化和贸易保护主义抬头，全球经济增长明显放缓，拖累新兴经济体经济发展步伐。在此形势下，我国经济增长逐步由高速增长阶段进入为中高速增长阶段，加快产业结构转型升级、转变经济发展方式、提高经济可持续发展水平成为我国经济发展的重要任务，提升区域发展的质量与效益成为新时期区域协调发展的新要求。

2012年，党的十八大将基本形成区域协调发展机制和健全国土空间开发格局作为全面建成小康社会的重要目标，将继续实施区域发展总体战略作为推进经济结构战略性调整的重要举措，提出“充分发挥各地区比较优势，优先推进西部大开发，全面振兴东北地区等老工业基地，大力促进中部地区崛起，积极支持东部地区率先发展”“采取对口支援等多种形式，加大对革命老区、民族地区、边疆地区、贫困地区扶持力度”；同时，将生态文明建设提升到前所未有的高度，进一步凸显了优化国土空间开发格局的重要性，提出加快实施主体功能区战略，推动各地区严格按照主体功能定位发展，构建科学合理的城市化格局、农业发展格局、生态安全格局；提出提高海洋资源开发能力，发展海洋经济，保护海洋生态环境，坚决维护国家海洋权益，建设海洋强国。2014年5月，习近平总书记在河南考察工作时首次提及新常态，做出了我国经济发展进入从高速增长转为中高速增长、从要素和投资驱动转向创新驱动新阶段的判断。在此后延续整个“十三五”规划时期，国家按照“以提高发展质量和效益为中心，加快形成引领经济发展新常态的体制机制和发展方式”的指导思想，贯彻落实“创新、协调、绿色、开放、共享”的新发展理念，着力促进包括区域发展和蓝色经济发展在内的发展新空间拓展，以对外推动共建“一带一路”和对内实施京津冀协同发展、长江经济带建设、长三角一体化、粤港澳大湾区建设、黄河流域生态保护与高质量发展等区域发展重大战略为标志的区域协调发展被赋予新的时代内涵。

（二）新时代区域协调发展的新要求

中国共产党第十九次全国代表大会是在全面建成小康社会决胜阶段、中国特色社会主义进入新时代的关键时期召开的一次十分重要的大会。会议所做出的“中国特色社会主义进入新时代，我国社会主要矛盾已经转化为人民日益增长的美好生活需要和不平衡不充分的发展之间的矛盾”的基本论断，意味着我国区域发展的时代背景正在发生深刻变化，全面建成小康社会的“第一个百年目标”的顺利实现和全面建设社会主义现代化新征程的开启，以及共同富裕新目标、新发展理念、新发展格局、高质量发展等新战略导向的提出，都使我国区域发展的背景、目标、重点及路径有了重大调整，区域协调发展呈现出新的特征。

1. 全面建成小康社会成为区域协调发展的新时代背景

以 2021 年中国共产党建党 100 周年为重大历史节点，我国经过多年的艰苦努力，以精准扶贫、精准脱贫为基本方略的脱贫攻坚战顺利完成，基本解决了绝对贫困和区域性整体贫困问题，达到了全面建成小康社会的目标，进入了全面建设社会主义现代化的新阶段。在这一形势下，我国区域发展的整体水平已经有了大幅度提升，国家推进区域协调发展的能力有了很大提高，但与此同时，区域发展的内外部环境也发生明显变化，社会主要矛盾转化所带来的区域协调发展的问题表征有所改变，区域经济增长不平衡、区域分化加剧、区域发展动力不足、基本公共服务均等化任重道远、蓝色经济发展缓慢等问题进一步凸显。特别是随着社会主义现代化建设开始推动，区域协调发展的内涵和任务有所拓展，区域发展除了经济增长之外，越来越注重区域的开放性和区域间的相互作用，注重区域发展的公平性、区域发展的社会文化转型、人民福祉和健康、区域创新能力和竞争力，生态文明建设也得到空前的重视，人与自然的和谐、区域经济发展与自然承载力相适应成为区域协调发展的重要内容，区域协调发展的战略抉择日趋多元和复杂。

2. 共同富裕成为区域协调发展的新目标

共同富裕是社会主义的本质要求，是中国共产党重要的执政理念和持续为之奋斗的重要目标，以一贯之地体现在我国社会主义建设的全过程。习近平总书记指出，我们推动经济社会发展，归根结底是要实现全体人民共同富裕。《中共中央关于制定国民经济和社会发展第十四个五年规划和二〇三五年远景目标纲要》（以下简称“十四五”规划）中关于社会主义现代化远景提出，到 2035 年，要实现“人民生活更加美好，人的全面发展、全体人民共同富裕取得更为明显的实质性进展”的宏伟目标。从中国特色社会主义的本质要求和我国经济社会发展的阶段性特征来理解，新时代共同富裕应该是社会主义先进生产力和先进生产关系的有机组合，具体表现为经济发展质量高、居民生活品质高、人民群众认同感高、城乡区域发展更加协调、分配格局更加合理、公共服务更加优质公平。其中：“富裕”代表了社会主义先进生产力，即在新时代要不断提高物质、精神、生态文明水平，实现人的自由全面充分发展；“共同”则体现了社会主义先进生产关系，即要不断解决城乡区域发展和收入分配差距较大的问题，使全体人民公平共享经济社会发展成果。共同富裕的目标要求未来经济社会发展要着眼于解决不平衡不充分的矛盾，要着力化解区域、城乡、群体之间的不平衡不充分问题，使社会财富“蛋糕”分配更加公平。从这个意义上来理解，区域协调发展是共同富裕的基本要求，共同富裕也理应成为区域协调发展的重要目标。

3. 高质量发展成为区域协调发展的新要求

过去几十年，我国经济的快速增长不可避免地带来一些问题：一方面，国内生产总值（GDP）的增长往往以生态破坏、资源枯竭、环境污染为代价，造成了负外部性，这种发展模式注定是不可持续的，并且损害了国家和人民的长远利益；另一方面，各级地方政府为发展本地经济，大搞投资建设，大建工业园区，导致区域间产业同构和恶性竞争严重，整体投资效率低下。在这样的环境下，党的十九大做出了我国经济发展已由高速发展转向高质量发展阶段的重要科学论断，标志着新时期党中央对我国经济社会发展规律的认识和运用达到新高度，必然对区域协调发展战略的实施产生深刻影响。“十四五”规划提出，要“把新发展理念贯穿发展全过程和各领域，构建新发展格局，切实转变发展方式，推动质量变革、效率变革、动力变革，实现更高质量、更有效率、更加公平、更可持续、更为安全的发展”，这是未来我国经济社会高质量发展的基本遵循。高质量发展的基本主题要求区域发展必须实现更高质量水平上的协调，因此必须把这一要求深度融入到区域协调战略实施中，把新发展理念切实贯穿到区域协调发展的全过程和各领域，进一步丰富区域协调发展的基本内涵、空间层次和实施手段，不断强化精准施策，切实提升区域发展的质量、效率和动力。

4. 构建新发展格局成为区域协调发展的新路径

我国长期奉行改革开放的基本国策，走出了一条以开放促改革、促发展的中国特色社会主义建设道路，过去几十年经济社会发展所取得的辉煌成就证明我国发展道路的选择是正确的，是符合国际发展大势和我国基本国情的。进入新的历史时期，我国发展的国内外环境正面临深刻变化，新一轮科技革命和产业变革深入发展，国际力量对比深刻调整，和平与发展仍然是时代主题，人类命运共同体理念深入人心，同时国际环境日趋复杂，不稳定性不确定性明显增加，新冠肺炎疫情影响广泛深远，经济全球化遭遇逆流，世界进入动荡变革期，单边主义、保护主义、霸权主义对世界和平与发展构成威胁。面对新的形势，国家做出了加快构建以国内大循环为主体、国内国际双循环相互促进的新发展格局的重大战略部署，并将统筹发展与安全提升到了新的战略高度。这一重大战略转型，不仅意味着我国经济增长模式由高度依赖国际市场、靠出口和投资带动向更多依赖国内市场、挖掘国内消费和投资潜力转型，更意味着区域协调发展在畅通国内大循环中的重要性和地位更加突出。这就要求加快研究适应新发展格局的区域经济布局，以要素市场一体化为导向，深化地区间产业合理分工，打通区域间的生产、分配、需求、流动的内部和外部循环发展的堵点，破解在区域协调发展机制中面临的阻碍，促进要素有序自由流动，加快推进区域一体化进程，从而提升资源空间配置效率，为“双循环”新格局的构建提供区域支撑。

（三）未来区域协调发展的战略重点

从当前全国经济发展趋势看，为适应经济发展新常态和加快建设现代化经济体系，今后尤其是“十四五”时期中国经济将加快由依靠要素驱动的高速增长阶段转向以科技创新为主要驱动力的高质量发展阶段，这种转变也对区域发展战略提出新的要求，促进区域经济布局向高质量协调发展格局进行调整①，为全国总体实现高质量发展提供重要支撑。早在 2019 年 8 月，习近平总书记在中央财经委员会第五次会议上就明确指出：“要根据各地区的条件，走合理分工、优化发展的路子”，推动“形成优势互补、高质量发展的区域经济布局”。②可以预见，“十四五”时期乃至未来很长一个时期内，我国区域发展战略的基本框架不会发生大的改变，但区域发展类型的精细化和区域

---

① 肖金成．“十四五”时期区域经济高质量发展的若干建议［J］．区域经济评论，2019（6）：13-17。

② 习近平．推动形成优势互补高质量发展的区域经济布局［J］．求是，2019（24）：4-9。

政策的精准性将进一步提升，既需要形成多个能带动全国高质量发展的动力源，为全国高质量发展注入新动能，也需要继续重视特殊类型地区发展，促进欠发达地区发展能力的提升，还要重视海洋国土开发，拓展海洋发展新空间。

1. 以“四大板块”为基础继续完善并实施区域发展总体战略

我国地势的三大阶梯和东南部国土单面靠海的海陆相对位置决定了自然地理条件、人口分布、经济发展具有明显的东西向地带性特征，这是我国的基本地理国情。因此，以“三大地带”为基础，进而按东部、中部、西部和东北四大板块统筹国土开发和区域发展，是符合我国地理国情的科学决策。尽管近年来南北差距日益成为新的关注点，也有学者从增强区域政策实施精准性的视角主张重新划分区域发展板块，如孙久文（2017）主张划分南部沿海、北部沿海、中部、东北、西北和西南六大板块①，促进南北区域协调发展甚至引起了政府宏观决策部门的重视，但是应该看到，南北区域的划分无论从自然地理条件还是从经济发展水平来看，都缺乏区域内部均质性的基础，当前呈现出来的南北发展差距除东北地区的整体性下滑外，其他更多的是各板块内部分异问题。因此，脱离我国东西向地带性基本地理国情的南北区域划分不仅不具备实施统一区域政策的基础条件，也会割裂内陆和沿海地区客观上存在的经济联系和区域分工关系，现阶段以“四大板块”为基础统筹区域协调发展仍然具有其合理性。

从兼顾继承性和创新性出发，“十四五”时期应继续实施以“四大板块”为基础的区域总体发展战略，并赋予其新的内涵：东部地区要发挥高质量发展中的引领、示范和带动作用，着力提升全球影响力、创新带动力和可持续发展能力，努力建设成为高质量发展先行区、科技创新引领区和现代化建设示范区；中部地区应发挥承东启西、连南接北的枢纽作用，以制造业高质量发展和农业现代化为突破

① 孙久文．中国区域经济发展的空间特征与演变趋势［J］．中国工业经济，2017（11）：26-31。

口，加快产业转型升级和高质量现代化经济体系建设，打造内陆开放新高地；西部地区应充分利用沿边和后发优势，发挥共建“一带一路”的引领带动作用，加快内陆开放型经济和沿边开放经济带建设，深入实施深度工业化战略，构建生态型的现代化产业体系，推动西部大开发形成新格局；东北地区要把经济脱困与转型升级和体制再造结合起来，通过环境重塑、结构转型和体制再造，加快国有企业战略性重组，大力发展民营经济和战略性新兴产业，推动产业全面转型升级，实现东北经济全方位再振兴①。

2. 发挥区域重大战略的引领作用

区域重大战略是落实区域发展总体战略、完善国家区域战略体系的重要举措，也是引领区域高质量发展、促进形成有机衔接合理分工的空间经济体系的重要动力源。立足当前区域重大战略的基本构架，未来战略实施要重点发挥两方面的功能。一方面，以都市圈和城市群为空间载体，打造强劲有力的区域高质量发展引擎。经济和人口的集聚是区域发展的重要动力，在新发展理念下，集聚的作用将会进一步彰显，未来应以经济和人口同步集聚为准则，在进一步做大做强经济集聚区的过程中实现区域经济协调发展②。应继续深入实施京津冀协同发展、长三角一体化发展、粤港澳大湾区建设、成渝双城经济圈建设战略，着力提升城市群人口和经济的承载能力，着力提升经济发展活力，发挥其在全国尺度上促进人口、经济集聚和创新高质量发展的引领功能。另一方面，以流域为纽带，以水生态保护和水资源合理分配为主要切入点，理顺区际发展和生态关系。要发挥长江流域和黄河流域生态联系密切、经济发展梯度差和互补性强的综合优势，加快实施长江经济带建设和黄河流域生态保护与高质量发展

---

① 魏后凯，年猛，李功．“十四五”时期中国区域发展战略与政策［J］．中国工业经济，2020（5）：5-22。

② 樊杰，赵艳楠．面向现代化的中国区域发展格局：科学内涵与战略重点［J］．经济地理，2021（1）：1-9。

战略，建设国家生态环境与经济协调发展试验区，为中国推进生态文明建设和实现可持续发展积累经验。此外，从区域总体战略实施的需要出发，未来可考虑在发展相对落后的东北和西部地区时，选择哈—长经济带、新疆沿边经济带、环北部湾经济带等潜力地区，作为新的区域重大战略实施的目标区域，助力欠发达地区释放发展潜力、扩大发展空间。

3. 支持特殊类型地区加快发展

“十三五”规划提出“促进困难地区转型发展，加强政策支持，促进资源枯竭、产业衰退、生态严重退化等困难地区发展接续替代产业，促进资源型地区转型创新，形成多点支撑、多业并举、多元发展新格局”。党的十九大报告提出了“实施区域协调发展战略。加大力度支持革命老区、民族地区、边疆地区、贫困地区加快发展。强化举措推进西部大开发形成新格局”。特殊类型地区振兴发展作为中国区域协调发展战略的重要内容，已经纳入中央政府及地方政府的工作框架。为推动形成区域高质量协调发展的新格局，在“十四五”时期，国家将进一步实行差异化的空间管控和区域援助政策，尤其是根据国家战略需求和共同富裕要求，对那些陷入困境或面临诸多困难、发展水平低、潜力较大的地区给予相应的政策支持。对于老少边穷地区来说，由于过去是国家脱贫攻坚的主战场，脱贫人口基数大、因病因灾返贫风险大，区域发展差距、城乡差距、居民收入差距都比较大，整体发展基础差，发展动力不足，而且大部分地区生态脆弱、生态功能地位突出，如何对标共同富裕目标、补齐发展短板、提高自我发展能力，确保它们在现代化进程中不掉队、赶上来，应该是国家政策支持的重点方向。而对于资源枯竭性地区、老工业基地等产业衰退地区，国家将突出其在保障资源安全和提升制造业竞争力方面的重要地位，将如何运用全国科技创新资源去弥补这些地区的创新短板作为体制机制改革的重点方向，促进新旧动能转换和可持续发展能力的形成。

4. 积极拓展海洋发展新空间

人类活动和经济发展的趋海移动是长期的趋势。我国海岸线漫长、海域广阔、岛屿众多，海洋资源十分丰富，海洋发展潜力巨大。海洋是对外开放的重要载体，也是今后发展的重要战略空间，发展“蓝色经济”，加强海上合作，可以更好地利用国内国际两个市场、两种资源，有效促进经济结构转型与发展，为加快构建双循环新发展格局提供有力支撑。“十四五”规划明确提出，要“坚持陆海统筹，发展海洋经济，建设海洋强国”，并将其作为区域协调发展的重要内容，凸显了海洋发展在区域协调发展中的重要地位。未来随着区域性、全球性资源环境问题的不断加剧和世界范围海洋开发的不断升温，特别是我国海洋经济的快速发展及其在国民经济中地位的不断提高，海洋在缓解资源环境矛盾、稳定经济增长、扩大对外开放方面的重要作用还将进一步显现，如何切实转变“以陆看海、以陆定海”的传统观念，大力挖掘海洋经济发展潜力，统筹陆海资源开发、产业发展、生态保护和基础设施建设，促进陆海利益互补和协同发展，将成为区域协调发展战略实施的重要方向。

二、海洋发展的区域化趋势

海洋与陆地一样，是人类活动的重要地理空间。但是，海水的流动性、海域的开放性和边界的不确定性使得海洋空间的地位深受国际海洋治理制度变迁的影响，而海洋水环境和资源赋存条件的复杂性也决定了海洋空间作用的发挥与海洋科技发展水平和海洋开发利用方式存在着更为紧密的联系。正是由于随着海洋科技的加快发展、海洋开发利用方式日趋多元、海洋开放利用水平不断提高，海洋的功能逐步从渔盐之利、舟楫之便向综合化拓展，海洋作为人类活动重要载体的功能才能逐步显现，进而作为区域发展的重要拓展空间进入国家区域发展战略实施的视野，而且重要性不断提高。

（一）国家管辖海域的国土化

1. 海洋国土化的国际背景

国际范围内对海权的争夺自古就有，而真正从法理上明确国家管辖海域的边界、使海洋作为蓝色国土被固定下来，是近现代以来才发生的事情。早在 15 世纪末，随着地理大发现和新航路的开辟，海洋成了殖民扩张的重要渠道，海洋的价值开始凸显并渐渐为人们所重视，随后一些海洋强国通过主张“海洋自由”和将部分海洋纳入一国的领土范围来不断加强对海洋的自由利用和控制，这可以看作是早期海洋领土和海洋国土思想的萌芽。第二次世界大战以后，海洋的生物资源、能源、航运以及其他海洋相关产业的经济价值对于沿海国的发展越来越重要，越来越多的沿海国把更大范围的海洋或者大陆架纳入到其管辖或者主权范围，战争中岛屿所体现出来的巨大军事和国防战略价值也引发各国对海上岛屿的争夺，国家之间的海洋争端不断加剧。1945 年 9 月，美国总统杜鲁门发表的大陆架公告，宣布“处于公海下但毗连美国海岸的底土和海床的自然资源属于美国，受美国的管辖和控制”。以此为契机，一些国家纷纷提出 200 海里管辖权的主张。20 世纪 70 年代，第一次石油危机的爆发沉重打击了严重依赖石油的世界经济，一些西方国家被迫转变经济战略、调整经济结构，并加快了新油田的勘探，海洋巨大的石油资源潜力被发现并逐步得到重视，促使沿海国家进一步加强海域管辖权的争夺。为应对海域管辖权国际法律制度缺失和沿海国海洋争端不断加剧的局面，联合国先后多次组织召开海洋法会议协调各国利益，形成了一系列重要的国际海洋法律制度，并于 1982 年正式通过了具有划时代意义的《联合国海洋法公约》，首次对领海、内水、专属经济区、大陆架、岛屿等涉及领土主权和管辖权的重要内容在法律上做出了相对明确的规定，由此开启了全球性海洋国土化的新进程。

应该说，《联合国海洋法公约》是海洋国土概念形成的国际法依据。1994 年 11 月 16 日，被称为国际立法史上最广泛、最全面的海洋法典《联合国海洋公约》正式生效并取得绝大多数国家的支持，标志着国际海洋新秩序开始建立，对沿海国家的海洋权益产生了重要的影响，成为各国处理与邻海国家海洋争端、维护海洋权益的重要国际法依据。

2. 我国海洋国土观的形成

受历史上重陆轻海、海洋开发进程相对滞后的影响，我国真正意义上海洋意识的觉醒及对海洋国土的重视是改革开放以后才逐步体现出来的。20 世纪八九十年代，随着沿海地区重点发展、“三大地带”建设等区域发展战略的实施，对外开放的政策使沿海地区滨海的地理位置及海洋资源丰富的优势得到了充分的发挥，在沿海地区经济加快发展的同时，海洋的资源、环境、通道乃至经济价值日益凸显，促使学界和政府决策层对海洋开发越来越重视，海洋经济发展成为沿海地区经济发展的重要战略方向；与此同时，《联合国海洋法公约》的签署和生效以及周边国家对我国海上岛屿的非法攫取、海上争端加剧，使我国海上领土主权和国家海洋权益维护的形势越来越严峻，国家发展与安全受到来自海上威胁的风险不断增加，迫切需要我国从全国“一盘棋”的视角提升海洋在国家发展和安全中的战略地位。正是在海洋开发实践深入推进和国际地缘政治形势变动的双重作用下，我国海洋国土观开始形成，且越来越多地被接受，并逐步进入国家战略决策的视野。

早在 1981 年，学术界有人提出“我国的国土海域面积很大，连同从我国大陆延伸到海洋中去的大陆架”。① 而最早把海洋国土作为一个明确概念提出来的是经济学家于光远，他在 1984 年提出，“对一个拥有领海的国家来说，海洋也是她国土的一部分”。自此之后，海洋国土作为一个新生的概念逐渐被人们所重视，引发了诸多的讨论，

① 伊师 . 确立我国“海洋国土”概念的初探［J］. 中国边疆史地研究导报，1990（4）：4-8。

也越来越多地出现在期刊报端。

在政府层面，伴随着海洋法律制度的日趋完善，海洋国土的概念也逐步得到国家领导层的确认，海洋国土开发甚至成为国家重大区域战略、规划和政策的重要内容。我国先后于 1982 年通过《中华人民共和国海洋环境保护法》、1986 年通过《中华人民共和国渔业法》、1992 年通过《中华人民共和国领海及毗连区法》、1998 年通过《中华人民共和国专属经济区和大陆架法》等法律制度，后又经不断修订完善，形成了我国海洋开发的基本法律遵循，为海洋国土化奠定了法律基础。从党的十六大报告提出实施海洋开发，到党的十八大报告把"提高海洋资源开发能力，发展海洋经济，保护海洋生态环境，坚决维护国家海洋权益，建设海洋强国"作为优化国土空间开发格局的重要方面，再到党的十九大报告将"坚持陆海统筹，加快建设海洋强国"作为区域协调发展战略的重要内容，预示着海洋国土在国家国土开发全局中地位的逐步确立。

3. 海洋国土的内涵

一般认为，国土是国家主权与主权权利管辖范围内的地域空间。国土具有两层含义："一是指全国人民赖以生产和生活活动的场所；二是指这个地域范围内的全部资源。"① 区别于陆地国土的完全主权特征，海洋国土既包括具有完全主权的领海和内水，同时也包括拥有不完全主权的专属经济区和大陆架。根据《联合国海洋法公约》的规定，沿海国在不同法律地位的海洋国土上享有不同权利。

内水：领海基线向陆一面的水域构成国家内水的一部分，沿岸国有权制定法律规章加以管理，而他国船舶无通行之权利。

领海：沿海国的主权及于其陆地领土及其内水以外邻接的一带海域，在群岛国的情形下则及于群岛水域以外邻接的一带海域，称为领海。每一国家有权确定其领海的宽度，直至从按照本公约确定的基线

---

① 王铁崖. 国际法［M］. 北京：法律出版社，2009。

量起不超过十二海里的界限为止。沿岸国可制定法律规章加以管理并运用其资源。外国船舶在领海有“无害通过”（innocent passage）之权。而军事船舶在领海国许可下，也可以进行“过境通行”（transit passage）。

专属经济区：是领海以外并邻接领海的一个区域。专属经济区从测算领海宽度的基线量起，不应超过二百海里。专属经济区所属国家具有勘探、开发、使用、养护、管理海床上覆水域和海床及其底土的自然资源的权利，对人工岛屿、设施和结构的建造使用、海洋科学研究、海洋环境的保护和保全等的权利。其他国家仍然享有航行和飞越的自由，铺设海底电缆和管道的自由，以及与这些自由有关的海洋其他国际合法用途。

大陆架：沿海国的大陆架包括其领海以外依其陆地领土的全部自然延伸，扩展到大陆边外缘的海底区域的海床和底土，如果从测算领海宽度的基线量起到大陆边的外缘的距离不到二百海里，则扩展到二百海里的距离。沿海国为勘探大陆架和开发其自然资源的目的，对大陆架行使主权权利；如果沿海国不勘探大陆架或开发其自然资源，任何人未经沿海国明示同意，均不得从事这种活动。沿海国对大陆架的权利并不取决于有效或象征的占领或任何明文公告。本部分所指的自然资源包括海床和底土的矿物和其他非生物资源，以及属于定居种的生物，即在可捕捞阶段海床上或海床下不能移动或其躯体须与海床或底土保持接触才能移动的生物。沿海国对大陆架的权利不影响上覆水域或水域上空的法律地位。沿海国对大陆架权利的行使，绝不得对航行和本公约规定的其他国家的其他权利和自由有所侵害，或造成不当的干扰。

（二）海洋经济的区域性特征

在我国，海洋经济的概念自诞生之日起就与陆地区域经济密切联系在一起，现有技术水平下的海洋经济发展在很大程度上仍然是作为沿海地区经济发展的重要内容而存在，区域性是海洋经济发展的基本特征。

1. 海洋经济的内涵演变

“海洋经济”这一术语是随着海洋开发实践的迅速发展和相关研究工作的不断深入而提出来的，自出现以来其内涵就在不断扩大。迄今为止，学术界对海洋经济的概念尚没有形成公认的一致性看法。

在我国，目前从事海洋经济问题研究的主要是经济地理学、区域经济学、资源经济学、海洋经济学以及管理学等学科的学者。由于不同学科、不同学者的着眼点不一样，对海洋经济的概念也有着各自不同的解释。从目前已公开发表的研究成果来看，多数学者倾向于从资源经济的角度理解海洋经济的性质，认为“海洋经济就是指对海洋及其空间范围内的一切海洋资源进行开发的经济活动或过程”，“海洋经济实质上是关于海洋资源的经济问题，即为了满足人们对海洋资源产品的需要，如何协调开发与管理、利用与保护、改造与培育的经济问题”。也有学者试图从区域角度来界定海洋经济的范畴，或者认为海洋经济实质上就是区域经济，或者试图从区域角度来界定海洋经济的范畴。如有人认为，“海洋经济包括海岛经济”，甚至认为向陆若干千米以内的海岸带经济均属于海洋经济的范畴。还有学者从沿海区域资源经济、产业经济和滨海区域经济相结合的角度来理解海洋经济的内涵，认为“从科学、系统的角度理解，它是对沿海区域资源经济、产业经济和滨海区域经济的有机综合；发展海洋经济是以海洋资源为基础，以海洋产业为桥梁，以沿海区域的社会经济全面发展为目标的一项系统工程”。

此外，我国官方对海洋经济的解释主要来自相关的规划和统计信息公报。在国家颁布的《全国海洋经济发展规划纲要》中，将海洋经济的概念概括为“海洋经济是开发利用海洋的各类产业及相关经济活动的总和”。根据《中国海洋经济统计年鉴》中的相关定义，海洋生产总值是海洋经济生产总值的简称，指按市场价格计算的沿海地区常住单位在一定时期内海洋经济活动的最终成果，是海洋产业和海洋相关产业增加值之和。其中：海洋产业是指开发、利用和保护海洋所进行的生产和服务活动，包括海洋渔业、海洋油气业、海洋矿业、海洋盐业、海洋化工业、海洋生物医药业、海洋电力业、海水利用业、海洋船舶工业、海洋工程建筑业、海洋交通运输业、滨海旅游业等主要海洋产业，以及海洋科研教育管理服务业；相关海洋产业是指以各种投入产出为联系纽带，与主要海洋产业构成技术经济联系的上下游产业，涉及海洋农林业、海洋设备制造业、涉海产品及材料制造业、涉海建筑与安装业、海洋批发与零售业、涉海服务业等。

目前，无论在理论研究还是在海洋经济规划研究实践中，对海洋经济具体内涵界定的分歧突出表现在“海洋资源加工（包括一次性加工和深加工）产业”，尤其是临海/临港工业归属方面。在遵循科学性、系统性、可操作性以及兼顾约定俗成惯例等原则的基础上，笔者对海洋经济的内涵做出如下界定：所谓海洋经济，是指在一定的社会经济技术条件下，人们以海洋资源和海洋空间为主要对象所进行的物质生产及其相关服务性活动的综合。这一定义具有以下几个基本点：第一，海洋经济的内涵是与一定时期的社会经济技术条件紧密联系的，并随着社会经济技术条件的发展而发展；第二，海洋经济具有区域性特点，是与特定区域的资源、环境和社会经济发展基础紧密联系的；第三，涉海性是海洋经济的基本属性，直接以海洋资源和空间为生产对象或主要为此类生产活动服务，是海洋经济有别于陆地经济的内在规定性；第四，海洋经济具有综合性特点，既包括以海洋资源和海洋空间为基本生产要素的生产和服务活动，也包括不依赖海洋资源和海洋空间、但直接为其他海洋产业服务的经济活动，更加宽泛意义上的海洋经济还包括海洋科学研究、教育、技术等其他服务和管理活动。

2. 海洋经济与区域经济的关系

海陆经济客观上存在着必然的联系。海洋经济的区域性特征决定了其与陆地经济具有千丝万缕的联系。就海洋作为人类从事经济活动的“海域”空间载体的基本属性而言，在现有经济技术条件下，海域空间在其构成要素上，无论节点、域面、网络都必须在陆海相连中才能满足人类经济活动空间载体的要求。这是海洋经济与区域经济相互联系的空间表现。相比之下，海洋经济与区域经济的关系更为直接、具体和深刻地体现在海陆产业关联方面。与陆地经济一样，海洋经济是多部门、多行业的经济，但这些部门、行业之间多缺乏内在的有机联系，不可能形成独立的实体。事实上，这些海洋开发部门、行业是陆地经济的某些部门向海洋空间上的延展，多与陆地的经济活动密不可分，具有内在的联系，形成陆海经济生产与再生产的综合经济系统。一方面，海洋产业的发展必须依托于陆地产业。陆上产业是海洋产业发展的基础，可以为海洋产业提供配套设施和经济技术保障。例如，海洋运输业的发展离不开沿海港口及陆上集疏运体系的建设，也离不开陆上钢铁、机械、电子、造船等产业的发展。另一方面，陆上产业的发展也同样依赖于海洋产业的发展。陆地产业发展越来越面临资源的全面枯竭和生态环境容量迅速减小的制约，而海洋中丰富的海底矿物、能源储备和生物资源为陆上产业发展提供了强大的物质保障和广阔的拓展空间。在海洋产业与陆上产业发展过程中，无论是发展空间还是技术经济等方面，它们的相互依赖都是逐渐增强的。海陆产业间客观上存在的这种必然联系，也决定了海洋经济与陆地经济发展互为基础和条件，相互间具有重要影响。

海洋经济是陆地区域经济的重要组成部分。海洋经济开发是区域经济中新的增长点，是陆域经济的重要补充，海洋经济的发展与壮大将直接对区域社会经济发展产生推动作用。对于海洋开发较晚、海洋经济发展基础比较薄弱的国家和地区，海洋在社会经济发展和资源环境问题解决中的地位尤其突出。在我国，经过改革开放以来 40 多年的发展，国民经济已基本告别了短缺经济时代。与此同时，国外产品的冲击、中西部地区的经济增长、沿海地区内部经济发展的竞争，都在客观上要求沿海区域经济格局的重组，以产业结构调整为主体的结构创新已成为沿海地区实现现代化的重要任务。从沿海地区产业结构创新的角度来看，不仅新兴海洋产业的发展已成为沿海地区产业结构调整的重要方向，而且海洋科技发展及由海洋开发驱动下的对外开放能力与程度的提高，也将成为沿海地区结构创新的重要动力。从区域空间结构优化的角度来看，以海洋资源开发为基础的海洋产业的发展以及临海产业的发展，将带动临海型经济发达地带的形成和发展，促进区域经济布局重点向滨海地带推移。从生态环境保护和区域经济可持续发展的角度来看，海洋开发将有效缓解沿海地区日益严重的资源和环境压力，从而有效地促进沿海社会经济可持续发展和现代化建设进程。

陆地区域发展程度对海洋经济发展具有重要影响。陆地社会经济发达与否，将对海洋经济发展产生促进和制约作用，从而给海洋经济打下深刻的区域经济烙印。因此，虽然我们可以把某一海洋区域的海洋开发活动作为一个国土综合开发系统来进行研究，但是在现有发展阶段，无论在哪个层次上尚不可能把海洋经济活动作为脱离陆地经济活动的单纯的海洋经济系统来加以对待。海洋区域经济确切地说是陆海区域经济。

3. 区域海陆产业-空间结构的联动

无论是陆地产业还是海洋产业，其空间布局总是以一定的“区域”为依托。海洋产业空间布局所依托的“区域”并不完全是“海域”，而是海陆交错的过渡型区域。从海陆经济相互作用的关系来考虑，不仅海洋与陆地经济产业结构的变动存在着有机联系，而且海洋产业和临海陆地产业（主要是第二、第三产业）布局总是表现出相同的区位指向，如港口以及滨海公路、铁路与内陆中心城市通往滨海地区的交通主干线的交汇点等。这种海洋与陆地产业相互作用所形成的产业“集团”，就其产业特征而言代表着区域产业结构的演进方向，在空间上则表现为结构紧密的综合性物质实体——城市。它便是海陆过渡型区域的经济中心。这一经济中心，在集聚和扩散作用下，不仅向陆域释放和吸收能量，同时也向海域传导。由于它具备海洋科技进步快、海洋产业高级化，并对周围地区具有较强的辐射、带动功能等特征，而成为一定区域海洋经济的增长极，或称为海洋经济中心。海洋经济中心影响和辐射所及的地域范围，负载着具有内在联系和共同指向的经济运动，称为海洋经济中心的依托腹地。如同区域经济中心一样，海洋经济中心并不是唯一的，而是由许多不同类型、不同作用的中心形成多级、多层次的辐射和集聚中心体系，成为区域城镇体系的重要组成部分。不同（海洋和滨海陆地）经济中心之间由于生产分工和交换的发展，需要有交通线路等相互连接起来，进而吸引人口和产业向沿线集中，于是形成海陆交错型区域经济的发展“轴”，它同时也是区域海洋经济的发展“轴”。由于轴线是以不同等级的中心点为基础的，相应地就会形成不同等级的点-轴系统。

由此可见，区域海洋产业-空间结构变化的实质，就是在经济集聚与扩散机制的作用下，在陆地产业结构变动的影响下，海洋产业结构演进与海洋产业空间集聚或扩散相互促进的过程，其归根结底仍然是工业化和城市化有机联系的表现。海洋产业-空间结构的构成，可以用其所依托的海陆过渡型区域空间结构中的点、线、面等要素来进行刻画。在一个较大区域范围内，在地区海洋产业有所发展而发展程度还不高、地区布局框架还未形成的情况下，可运用点-轴开发模式，来构造地区总体布局的框架。进而，依托不同级别的海洋经济中心，划分不同性质的海洋经济区域，便于分工与协作。这应是海洋经济区域布局的重要内容。

（三）海洋发展的区域化实践

一般意义上的人类活动区域空间至少应该具备两个方面的功能：一是从自然属性来看，要具备承载人类生产生活活动的物理空间属性；二是从管理角度来看，要能够实现相对独立地理单元的综合化、系统化管理。海洋自然地理环境的复杂性和不稳定性决定了其大面积的水域难以独立承担人类长期生产生活的空间载体功能，而空间载体功能的实现则更多依赖于海上岛屿作用的发挥和海洋空间利用技术的革新。就海域管辖而言，国家对海域的管理主要是沿海陆地区域管理向海上的延伸。近几十年来，随着海洋开发技术的飞速发展，海洋开发的方式日趋多元，除了传统意义上岸线、生物、矿产等资源加深利用外，海洋空间的利用越来越受到重视，大型海上平台和浮体结构技术的成熟为海上居住、生活和生产活动提供了可能，海上城市呼之欲出；与此同时，海陆一体化管理虽然仍然是海洋管理的基本方向，但是对于远离大陆、事关国家主权和领土完整的广大海域的有效管辖成为紧迫性问题。在这种形势下，海洋发展呈现出区域化发展倾向。

1. 国家海洋区域观的雏形

从党的十八大报告中从优化国土开发格局视角提出“提高海洋资源开发能力，发展海洋经济，保护海洋生态环境，坚决维护国家海洋权益，建设海洋强国”，到“十三五”规划将“拓展蓝色经济空间”作为专章单列，再到党的十九大报告将“坚持陆海统筹、加快建设海洋强国”作为实施区域协调发展战略的重要内容，“十四五”规划专章“积极拓展海洋经济发展空间”提出“坚持陆海统筹、人海和谐、合作共赢，协同推进海洋生态保护、海洋经济发展和海洋权益维护，加快建设海洋强国”，显示出国家层面由海洋国土观确立到海洋区域观形成雏形的演变过程。这一趋势表明，从国家战略设计的角度，海洋越来越明显地作为经济发展的独立单元和区域发展的新型空间，在国家经济增长和区域协调发展中发挥出日益重要的作用。

2. “新东部”概念的提出

早在新千年之初，我国学者就基于国家“五个统筹”战略思想，提出了陆海统筹的思想，进而演化为“新东部”的发展构想。我国“新东部”海陆区划统筹构想是2002年国家海洋局海洋强国战略研究小组的理论成果之一，此后经一些学者的进一步深入研究，这一概念的内涵得到不断的丰富完善和发展。如有学者提出，“新东部”的“新”是指在尊重原有经济区划原则的基础上一种更合理的区划理念；“东部”则是指延展东部沿海地带的东部概念，把东部的海洋岛屿和东部的陆地同样看待，划定包括沿海县和管辖海域、海岛的新东部海洋海岛海底地带，形成我国经济区新东部海洋海岛海底地带、东部沿海地带、中部地带和西部地带四个经济地带的划分①。作为一种学术上的探索，“新东部”发展构想虽然没有在学术界和国家战略决策层面引起太多共鸣，但至少反映出海洋区域意识的觉醒，说明从区域视角思考和研究问题已经呈现出新的动向。

3. 三沙市的成立与发展

2012 年，国家撤销西沙群岛、南沙群岛、中沙群岛办事处，成立三沙市行政区，建立了海南省继海口、三亚、儋州之后的第四个地级市。三沙市管辖西沙群岛、中沙群岛、南沙群岛的岛礁及其海域，政府驻地位于西沙永兴岛，是我国位置最南、总面积最大（含海域面积）、陆地面积最小和人口最少的地级市，是全国继浙江舟山市之后第二个以群岛设市的地级行政区。它的成立对宣示我国对南海的主权权益、实现对岛屿和海域的有效管辖，具有突出的重要作用，是具有里程碑意义的重大举措。就海洋发展而言，三沙市综合管理机构体系的设立和相关管理职能的逐步完善，也标志着向海洋区域化发展迈出了重要一步。

三、区域协调视角下海洋发展空间拓展研究的主要方向

从区域协调视角研究海洋发展空间的拓展问题，要基于海洋自身特性及其在区域发展中地位与作用的把握，合理界定海洋发展空间的科学内涵，进而瞄准海洋发展空间拓展的核心内容及其要素支撑环节进行深入分析，提出发展设想及相应举措建议。

---

① 张登义，徐志良，潘虹，等. 建立“新东部”，实现中国整体疆域内区域统筹的宏观愿景［J］. 太平洋学报，2010，18（02）：1-7。

（一）海洋在区域协调发展中的地位与作用

1. 区域资源接续地和环境调节器

随着陆地资源的日益枯竭和海洋资源越来越多地被发现和利用，海洋资源在国民经济发展中的地位越来越突出，特别是在国际资源性产品供需不稳定、价格波动大的形势下，如何充分发挥海洋资源的作用，已经成为国家经济发展与安全中必须考虑的重要问题，海洋作为区域资源保障接续地已经受到沿海地区的高度重视。与此同时，陆域区域发展所产生的大量废物垃圾大多都经入海河流进入海洋，通过海洋的自净作用消解，而且海上水域也是沿海地区气候的重要“调节器”、生态的“稳定器”。

2. 对外开放重要通道和载体

海洋所具有的开放性特点使其成为国家对外联系的重要通道，不仅过去和当前国家对外经济交流要依托海上运输实现，未来海洋在对外开放中的桥梁和纽带作用也是陆上通道所无法替代的。值得一提的是，“一带一路”建设所形成的陆上国际运输大通道的确为缓解我国对外运输通道对海洋的过度依赖发挥了积极作用，也增加了我国在维护对外通道安全方面与西方国家战略博弈的筹码，但绝不能因此认为我国对外联系空间格局会发生根本性变化，也不能忽视维护海上通道安全的战略必要性。同时，随着国家范围内海洋合作的不断发展、国际海域海洋开发进程的加快，参与国际海洋开发合作已经成为对外开放的重要内容，因此，海洋也成为对外开放的重要领域和载体。

3. 国土开发的重要空间

随着海洋国土观的形成和海洋开发进程的加快，海洋已经成为国家国土开发体系中的重要单元，而且海洋国土开发也日益和陆地国土开发密切联系在一起，陆海国土在空间上的相互依存、相互补充和相互影响在增强，不合理开发所导致的矛盾和问题也相互交织。从目前开发的现状来看，与陆地国土开发强度的不断加大和资源环境问题日益加剧的现实相比，海洋国土开发还远远滞后，潜力还需要进一步挖掘。海洋国土开发将成为国土开发新空间拓展的重要方向。

4. 经济发展的重要增长极

世界经济步入整体低速增长阶段，正进入结构性转型的关键时期，挖掘新的增长源、营造新的增长动力是世界各国普遍面临的共同问题。在此形势下，海洋经济仍然保持着相对快速的增长势头，在维护世界经济形势稳定中的作用突出，已成为不争的事实。与我国新常态下经济稳中向好的总体形势相适应，我国海洋经济在世界海洋经济发展中表现尤其抢眼，不仅多个行业在全球居于领头地位，而且一些新兴产业的快速兴起对促进国家产业技术革新和结构调整起到了重要拉动作用，已成为国家整体经济和沿海地区率先现代化的重要增长极。

（二）海洋发展空间拓展的研究视角

基于对海洋与区域发展的关系、海洋国土化和区域化发展趋势以及海洋在区域协调发展中地位与作用的认识，本研究认为，未来海洋发展空间拓展要瞄准国土、产业、国际海洋三大发展空间，同时要考虑生态环境因素的影响和科技、制度创新的支撑作用。

1. 拓展海洋国土开发空间

海洋国土空间在海洋发展空间拓展中居于基础性地位，是从国家发展战略全局角度确立海洋发展战略地位的关键环节。海洋国土开发空间拓展研究，就是要分析海洋国土的基础、开发现状及其面临的主要问题，进而从海陆“一盘棋”整体考虑、提升海洋国土战略地位的视角，提出海洋国土开发的重点及战略布局优化方向。

2. 拓展海洋产业发展空间

经济发展是海洋发展的核心，海洋经济实力的提升也是拓展海洋发展空间的最主要目标。海洋产业发展空间拓展研究，就是要基于对国际国内经济和海洋经济发展大势的把握，从国家推进高质量发展的战略需求出发，揭示海洋经济发展的薄弱环节和短板，进而从海陆一体化视角对海洋产业发展思路做出设计，并重点围绕海洋传统产业改造提升、海洋新兴产业培育和海洋现代服务业配套发展的重点进行谋划，针对海岸带产业布局优化提出方向性的建议。

3. 拓展国际海洋发展空间

积极参与国际海洋开发合作和全球海洋治理是海洋开放性特征的基本要求，同时也是我国推进陆海统筹全面开放、落实共建 21 世纪海上丝绸之路倡议、维护我国在国际公海的利益、保障国家发展与安全的需要。因此，必须立足国内、放眼全球，打破海洋国土的局限，加强 21 世纪海上丝绸之路海上合作、加快国际海域资源环境调查与开发进程，积极参与全球海洋治理，不断提升我国参与国际海上竞争的能力。

4. 保护海洋发展的资源与生态环境基础

资源和生态环境条件是海洋发展的本底，保护资源和生态环境不仅是消除海洋发展的外部性影响、促进海洋可持续发展的重要保障，而且海洋生态环境影响的广泛性和海陆生态环境交织的复杂性决定了海洋生态环境是当前海洋高质量发展所必须着力破解的重要命题。资源和生态环境问题本质上是经济发展问题，因此对海洋资源和生态环境保护问题的研究重点在于挖掘资源和生态环境变化及破坏的经济根源，进而从海陆一体化治理视角，以陆源污染治理和海洋开放方式转变为重点方向，以渤海生态环境保护与治理为重点，提出海洋资源和生态环境保护的思路与对策。

5. 提升海洋科技和管理制度创新支撑

“十四五”规划提出，要以改革创新为根本动力，为海洋高质量发展指明了方向。海洋经济具有高科技依赖性特点，世界海洋经济竞争归根结底是海洋科技的竞争，而我国目前海洋经济发展方式粗放、海洋经济发展总体水平和层次低、参与国际海洋合作和全球海洋治理能力弱，都与海洋科技发展滞后有着直接关系。因此，必须把海洋科技创新作为海洋发展空间拓展的重要支撑条件，围绕认识海洋、开发利用海洋、保护海洋三大需求，深入研究海洋科技发展问题。与此同时，海洋管理制度创新事关海洋发展的软环境改善，结合海洋高质量发展要求，查摆海洋管理体制、机制、政策、法律等方面的短板，探索制度创新的思路与路径，也应该成为海洋发展空间拓展研究的重要内容。

主要参考文献

曹忠祥 . 2017. 拓展海洋经济新空间的重点方向［J］. 中国经贸导刊，(34)：41-44.

曹忠祥，任东明，王文瑞，等 . 2006. 区域海洋经济发展的结构性演进特征分析［J］. 人文地理，(6)：29-33.

陈秀山，杨艳 . 2008. 我国区域发展战略的演变与区域协调发展的目标选择［J］. 教学与研究，(5)：5-12.

杜鹰 . 2012. 区域协调发展的基本思路与重点任务［J］. 求是，(4)：36-38.

樊杰，曹忠祥，等 . 2001. 我国西部开发战略创新的经济地理学理论基础［J］. 地理学报，56（6）：711-721.

樊杰，赵艳楠 . 2021. 面向现代化的中国区域发展格局：科学内涵与战略重点［J］. 经济地理，41（1）：1-9.

范恒山 . 2017. 国家区域发展战略的实践与走向［J］. 区域经济评论，(1)：5-10.

高国力 . 2021. 加强区域重大战略、区域协调发展战略、主体功能区战略协同实施［J/OL］. https：//kns. cnki. net/kcms/detail/10. 1050. c. 20210426. 1822. 002. html［2021-08-27］.

郭爱君，陶银海，毛锦凰 . 2017. 协同发展：我国区域经济发展战略的新趋向［J］. 兰州大学学报（社会科学版），45（4）：11-18.

陆大道 . 1995. 区域发展及其空间结构［M］. 北京：科学出版社：98-117.

齐元静，杨宇，金凤君．2013. 中国经济发展阶段及其时空格局演变特征［J］．地理学报，68（4）：517-531.

孙久文．2017. 中国区域经济发展的空间特征与演变趋势［J］．中国工业经济，（11）：26-31.

王铁崖．2009. 国际法［M］．北京：法律出版社．

魏后凯，年猛，李功．2020. “十四五”时期中国区域发展战略与政策［J］．中国工业经济，（5）：5-22.

习近平．2019. 推动形成优势互补高质量发展的区域经济布局［J］．求是，（24）：4-9.

肖金成．2019. “十四五”时期区域经济高质量发展的若干建议［J］．区域经济评论，（6）：13-17.

杨俊博，吕拉昌．2020. 新时代中国区域协调发展的新动向［J］．特区经济，（2）：67-70.

杨荫凯．2013. 科学把握促进区域协调发展的新要求［J］．宏观经济管理，（1）：10-12.

伊师．1990. 确立我国“海洋国土”概念的初探［J］．中国边疆史地研究导报，（4）：4-8.

张登义，徐志良，潘虹，等．2010. 建立“新东部”，实现中国整体疆域内区域统筹的宏观愿景［J］．太平洋学报，18（02）：1-7.

第二章　陆海统筹
——拓展海洋发展空间的战略基点

我国陆海兼备的基本国情和海洋经济发展客观上存在的区域性特征，决定了海洋发展必须从海陆一体的角度进行谋划。在新的历史时期，国家提出陆海统筹的战略设想，是准确把握海陆经济互动发展的内在规律和国家发展与安全的现实需要而做出的重大战略抉择。坚持陆海统筹，促进生产要素在陆地和海洋两大空间系统的合理配置，促进建设陆域强盛、海洋强大的陆海强国，应该成为拓展海洋发展空间的基本战略导向。

一、强化陆海统筹发展的背景

一般认为"陆海统筹"这一概念是由海洋经济学家张海峰于2004年在北京大学"郑和下西洋600周年"学术报告会上所做的"陆海统筹，兴海强国"报告中首先提出的，他当时提出了在五个统筹①的基础上增加"海陆统筹"的观点②。其后，陆海统筹思想在学术界引起热烈讨论，在一些沿海省市制定海洋经济规划时，也陆续被确立为重要原则和发展战略之一，并最终在党的重要文件和国家五年规划中作为重要战略导向被确定下来，作为优化我国国土空间开发格局、推动区域协调发展、促进国民经济和社会健康可持续发展的一个重要原则和指导方针。

陆海兼备的国情客观上要求我国在资源开发、产业结构升级、生

① 五个统筹即统筹城乡发展、统筹区域发展、统筹经济社会发展、统筹人与自然和谐发展、统筹国内发展和对外开放。

② 肖鹏，宋炳华．陆海统筹研究综述［J］．理论视野，2012（11）：74-76。

态环境保护以及保障国家安全方面要陆海兼顾。现阶段强调陆海统筹这一原则，具有多个时代背景。

（一）对海陆兼备这一基本国情认识的深化

我国海岸线总长达3.2万千米，其中大陆海岸线约1.8万千米，岛屿岸线约1.4万千米，是世界上海岸线较长的国家之一。根据《联合国海洋法公约》的规定，我国主张管辖的海域面积约为300万平方千米，这其中包括了内海、领海、毗连区、专属经济区和大陆架。如果把相关因素换算成海陆度值①，则为31%以上（李义虎，2007），表明我国是海陆兼备、大陆属性和海洋属性均很强的大国。

在中华文明五千年的历史长河中，虽然航海历史悠久，造船技术一度发达，但以农耕文化为基础的大陆文明一直居统治地位，加之受到开发技术条件的限制，海洋或者被视为抵御外侵的屏障，或者被视为航行载体，对其进行开发利用的程度很低，在陆海关系方面基本处于“海陆两分”“重陆轻海”的状态。只是在改革开放后，特别是进入21世纪后，随着经济国际化程度和科技水平的提高，海洋是蓝色国土资源这一意识才得以逐步强化。从政府到社会各界开始认识到这一蓝色国土既可提供丰富的海洋生物资源、海底矿产资源、海洋能资源、海水及其化学资源和滨海旅游资源，也是我国开展国际贸易的重要通道以及维护国家主权、安全、发展利益的重要领域。近十余年来，对于海陆兼备这一国情认识的深化和海洋国土意识的提高，成为在经济和社会发展中以陆海统筹全方位思维取代海陆两分传统思维的思想认识基础。

（二）国民经济发展对于海洋资源保障的需求提高

保障资源持续供给、提高资源环境的承载能力是实现中华民族伟

---

① 国家海陆度值=海洋国土面积/陆上国土面积×K（修正参考系数），主要反映一个国家和地区的海陆关系。详见：陈力．战略地理论［M］．北京：解放军出版社，1990。

大复兴宏伟目标的基本前提。目前，我国陆上资源总量逐步递减，资源环境对经济社会发展的约束日趋加剧，无论是维系人们基本生存的耕地资源和淡水资源，还是支撑经济持续增长的能源和重要矿产资源，都面临着严重短缺的局面。

作为一个正处于工业化、城镇化较快发展时期的发展中大国，能源、资源消耗量还将会在一个较长时期内保持较快增长的态势，我国必须积极寻找新的战略性资源。从资源禀赋和提供可能的角度分析，海洋具备了任何其他区域都难以比拟的、提供我国工业化和城镇化发展所需的生物资源、能源、矿产资源和水资源的能力和潜力，最有希望担当起重要战略资源供应地的责任。因此，在充分挖掘现有陆地资源利用价值的基础上，开发利用海洋资源，切实提升海洋资源特别是深海大洋资源的开发水平、利用程度和利用效率，成为保障我国国民经济持续发展的重要途径。海洋为我国实现经济社会的永续发展提供了巨大的资源接替空间，突破陆地资源承载力约束，挖掘海洋在资源供给方面的战略保障作用，增加在海洋资源开发利用方面的国际竞争能力，提高海洋资源利用对国民经济发展的贡献率和保障力，成为坚持陆海统筹发展的资源需求背景。

（三）海洋对于维护国家战略安全的重要性日益凸显

随着对海洋资源利用程度的提高，海洋日益成为我国维护国家安全的重要领域。海洋对于维护我国国家经济、政治乃至军事安全的重要性体现于三个方面。

一是海洋资源开发和利用。海洋资源是陆地资源的重要补充，对于陆地资源相对匮乏的国家和地区而言更是如此。目前，世界主要国家围绕海洋资源，特别是公海海域和有争议海域的资源开发竞争已十分激烈，相应开发权益维护、争夺与摩擦也已成为当前和未来有可能引发国家间经济摩擦的重要因素。

二是海上运输通道保障。我国对外贸易额已超过美国，跻身为世界第一大对外贸易国。在我国进出口产品中，能源、矿产品、粮食和轻工业品等体量较大、附加值较低产品占主体地位，因而对于运量大且运价低廉的海运依赖性较强。这也表明，我国经济已成为高度依赖海洋的开放型经济，海运在我国对外贸易发展中被赋予了无可替代的重任，多条重要海上通道成为我国“海上生命线”。然而，目前能源运输问题中的“马六甲困境”以及红海印度洋航线上日益猖獗的海盗，都对我国在重要国际水域和航道的安全带来了忧患，海上运输通道保障的任务十分艰巨。

三是海洋领土争端。随着我国陆疆勘界的逐步完成，来自陆疆的国防压力明显减弱，而海域安全和海洋权益面临着比较严峻的形势。近年来，由岛屿主权和划界争议引发的冲突时有发生，对我国国家国土安全构成了较大威胁。

总体来看，海洋已日益成为国民经济发展的重要资源基地、承载国际贸易的最大平台以及国土安全的重要保障，面对这一现实就需要对传统国土空间意识和国土安全观进行重大调整，从重陆轻海向陆海兼顾的国家安全战略转变。

（四）产业结构升级对陆域与海域融合互动发展提出更高要求

改革开放以来，我国科技创新、产业发展、综合管理的能力明显提升，为海洋产业发展提供了有效支撑。以海洋产业中的重点产业船舶制造业为例，我国钢铁、新材料、电子信息等产业实力的增强为船舶制造业加快发展提供了物质和技术保障，我国已成为全球造船能力最大的国家。目前我国海洋产业已经从单一的海洋渔业、海洋盐业发展到以交通运输、滨海旅游、海洋油气、海洋船舶为主导，以海洋电力、海水利用、海洋工程建筑、生物医药、海洋科教服务等为重要支撑的传统产业与新兴产业共同发展的产业体系，直接带动了我国产业结构的升级，以陆促海、陆海联动的产业发展格局正在形成。

在今后一段时期内，国家将海洋装备制造业以及海洋相关产业作为战略新兴产业加以培育，而海洋新兴产业多是技术密集型的高科技产业，对科技研发以及陆域产业的配套性要求更强。以海洋装备工业为例，其发展不仅需要冶金、化工、机械、仪表、电子等一系列相关制造行业的支撑，还对环保、物流、服务外包、创意、信息服务等沿海或临港服务业的发展产生较大需求，而且由于海洋环境条件较为特殊，海洋装备对配套产业的材料性能和技术要求比陆域相应部门更为严格，从而对于海陆产业间的互动、配套和融合程度要求更高。这表明，我国产业和经济结构的调整和升级，迫切需要在陆海联动发展的现有基础上，以产业链和价值链为依托，促进海洋与陆域产业在更高层次上和更深程度上实现交集发展、集群发展和协作发展。

（五）陆域和海域开发相互掣肘程度加深

陆域和海域开发活动强度的提高，不仅影响到各自系统的可持续发展，也为另一方的可持续发展带来不利影响。从现阶段看，我国陆域经济活动从两个方面影响海洋经济的可持续发展。一是陆域所产生的污染严重影响了海洋生态环境。据估计，我国近海污染物的80%以上来自陆域，仅沿岸工厂和城市直接排海的污水每年就达百亿吨以上，主要有害有毒物质在50万吨以上。这些污染使我国近海海区富营养化和赤潮现象频繁发生。二是陆域污染威胁到海洋生物资源的生存，从而影响到海洋渔业、海洋产品加工业、海洋生物医药制造业以及海洋旅游业等海洋产业的发展。而海洋环境变化和海洋产业发展也会对陆域经济社会发展产生负面影响，如海平面上升导致滨海地区海水入侵、土壤盐碱化和土地退化等生态环境问题，且海域筏式养殖、船舶制造业的发展会直接影响陆地的生产和生活环境等。

这些问题在沿海地区表现得更为突出，港口、航道、能源、矿产、渔业等海洋资源的高强度利用，以及岸线资源过度开发、围海造陆规模过大和高消耗、高排放产业在滨海地区高密度布局等直接影响了沿海地区生态环境。陆地和海洋两大系统开发活动的相互掣肘势必降低国民经济的整体效益，而这些问题的解决需要综合考虑陆地和海域的经济和生态效益，统筹安排海陆经济活动以及生态环境保护与建设。

二、陆海统筹战略的基本内涵

作为一种重要的发展理念，陆海统筹是我国在发展思路上做出的历史性转折，它的提出是国际海洋开发大势和我国陆海发展的具体实际综合影响下的产物。从比较宽泛的意义上来理解，陆海统筹发展是涵盖陆地和海洋两大地理板块、关系到国家发展和安全全局的战略性命题，涉及资源、经济、社会、生态和主权权益维护等方方面面的内容，具有十分丰富的战略内涵。

陆海统筹中的“陆”即陆地，是指我国主权范围内的陆域国土；“海”的主体包括我国具有完全主权的“蓝色国土”——内海和领海，我国拥有主权的岛礁、拥有主权权利和专属管辖权、具有“准国土”性质的专属经济区和大陆架，并拓展至作为国际“公土”但我国具有战略利益的公海、国际海底和南北极区域。简单来说，陆海统筹就是从全国“一盘棋”的角度对陆地和海洋国土的统一筹划，是科学发展观在优化包括蓝色国土在内的国土开发格局中的具体落实。具体而言，陆海统筹是指从陆海兼备的国情出发，在进一步优化提升陆域国土开发的基础上，以提升海洋在国家发展全局中的战略地位为前提，以充分发挥海洋在资源环境保障、经济发展和国家安全维护中的作用为着力点，通过海陆资源开发、产业布局、交通通道建设、生态环境保护等领域的统筹协调，促进海陆两大系统的优势互补、良性互动和协调发展，增强国家对海洋的管控与利用能力，建设海洋强国，构建大陆文明与海洋文明相容并济的可持续发展格局。陆海统筹的战略内涵主要包括以下几个基本点。

（一）以陆海国土战略地位的平等为前提

海洋和陆地一样，都作为人类生存发展的重要物质来源和空间载体，是国家国土资源的重要组成部分，理应在国家发展中具有同等重要的地位。然而在我国过去的发展中，由于对海洋的地位与作用以及海陆关系认识的不到位，加之受管理能力不足和经济发展方式粗放等多种因素的影响，海陆经济发展的水平和能力存在着较大差距。鉴于此，陆海统筹发展战略的实施，必须以增强海洋国土观为前提，破除“海陆两分”“重陆轻海”的思想观念，提升海洋（内海、领海、海上岛礁、专属经济区和大陆架）作为国家国土组成部分的主体地位，赋予其在国家发展安全中与陆地同等的战略地位，凸显海洋对国家富强和民族振兴的战略支撑作用与价值。

（二）以倚陆向海、加快海洋开发进程为导向

陆地与海洋对我国经济社会发展和安全而言同等重要，并不存在绝对意义上的孰轻孰重问题，但在国家发展的不同历史时期和阶段，因所面临的经济和地缘政治形势不同，对陆海的重视程度也会有所差异。在现阶段，我国周边的地缘政治形势和冷战时期相比有了很大变化，与北部俄罗斯和中亚国家间的关系总体向好，与南亚诸国的关系总体保持稳定，来自海洋方向的日本、菲律宾、越南等国的挑战和美国的介入成为最大的威胁；国家对外开放和参与全球经济竞争能力的提升，以及经济安全保障、区域协调发展、资源环境问题的解决，都在客观上要求加快海洋开发的进程；我国已成为仅次于美国的全球第二大经济体，综合国力有了很大的提升，初步具备了实施大规模海洋开发的条件和基础能力。因此，陆海统筹应该体现陆域经济的支撑作用与海洋经济的引领作用相结合，突出海洋国土开发的优先地位，加快发展海洋经济，切实提高我国经略海洋的能力，维护海上主权、权益和安全，更加充分地发挥海洋在国家发展和安全中的作用。

（三）以协调陆海关系、促进陆海一体化发展为路径

从长远发展来看，陆海统筹是海洋与陆地两种生态经济系统相互

作用下的必然趋势，这是海陆两大系统在资源、环境和社会经济发展等方面客观上存在的必然联系所决定的。正确处理海洋国土开发和陆地国土开发、海洋经济发展和陆域经济发展的关系，不仅是海洋经济发展的需要，而且是国家和地区经济健康发展的必然要求。因此，陆海发展关系的协调是陆海统筹战略实施的重要方面。从现阶段解决陆海发展中存在的资源开发脱节、产业发展错位、空间利用冲突、资源和生态环境退化等问题的角度出发，资源开发、产业发展、基础设施建设、生态环境保护领域的统筹应该是陆海关系协调的重点任务。实施陆海统筹，就是要按照科学发展和发展方式转变的要求，从全国和区域发展的全局出发，将陆地国土和海洋国土作为整体来考虑，实施统一的国土开发规划，统一安排海陆资源的配置与调度，理顺陆海资源利用和产业发展关系，缓解陆海产业矛盾，强化陆海交通基础设施的互联互通，实施陆海生态环境的统一治理，促进陆海一体化协调可持续发展。

（四）以推进海洋强国建设、实现海洋文明为目标

当今中国，国家核心利益关切由陆向海转移，国家战略利益遍布全球。建设海洋强国已经成为中国特色社会主义事业的重要组成部分，实施这一重大部署，对推动经济持续健康发展，对维护国家主权、安全、发展利益，对实现全面建成小康社会目标、进而实现中华民族伟大复兴都具有重大而深远的意义①。海洋强国的建设不是单向的，而是海洋“硬实力”和“软实力”的相互匹配和统一②。实施陆海统筹发展，就是要在强化海洋经济、科技、管理、军事等“硬实力”发展，提高对海洋控制利用能力和水平的同时，注重思想意识、

① 习近平．进一步经略海洋，推动海洋强国建设——在中共中央政治局第八次集体学习时的讲话。中新网，2013 年 7 月 31 日。

② 曲金良．海洋文明强国：理念、内涵与路径［OL］．http：//www. 71. cn/2013/08281730361. shtml. 2013-08-28。

发展理念、意志、模式、目标、路径选择等“软实力”的打造，特别要强调海洋文化的发展，塑造和提升全民族海洋精神，传承和发展海洋文明，从而为人类社会的文明和发展做出贡献。

三、陆海统筹发展的战略思路

（一）以海洋大开发为支撑，实现陆海发展战略平衡

陆海统筹是一个事关国家发展与安全的重大战略问题，在很大程度上取决于国家的战略意志和战略决策，必须置于国家工作全局来审视其战略功能定位，并将其纳入更高的国家议事日程。必须切实提高全社会特别是政府决策部门的海洋意识，树立全新的海洋国土观、海洋经济观、海洋安全观，注重建设海洋文明；将海洋开发作为国土开发的重要组成部分，在综合权衡陆地经济发展基础、发展需求和海洋国土资源状况及其开发现状的基础上，逐步将国土资源开发战略重点转移到海洋国土的开发上来，促进海洋大开发和海洋经济大发展，不断提高海洋在国家发展战略中的地位与作用。加快推动国家发展战略由“以陆为主”向“倚陆向海、陆海并重”转变，实现国家区域发展战略、海洋发展战略的有效衔接和陆海之间的战略平衡，为真正把我国建设成为海洋强国和海陆兼备的世界强国创造条件。

（二）发挥沿海地区核心作用，促进海陆一体化发展

按照海陆相对位置和在国家发展中地位与作用的不同，陆海统筹发展中的陆域和海域空间，可进一步划分为内陆、沿海、近海（领海、专属经济区和大陆架）和远海（公海和国际海底区域）四大地理单元进行统一的谋划。未来要充分发挥沿海地区在引领海洋开发和内陆地区发展中的核心作用，顺应沿海地区人口增长、城镇化发展、产业升级、发展方式转变的客观需求，不断优化地区空间结构，规划海岸带开发空间秩序，推动海陆复合型产业体系发展，统筹规划沿海

港、航、路系统，理顺陆海产业发展与生态环境保护关系，以实现陆海产业发展、基础设施建设、生态环境保护的有效对接和良性互动，提升沿海地区的集聚辐射能力，强化其作为人口和海陆产业主要集聚平台、海洋开发支撑保障基地、海陆联系“桥梁”和“窗口”的功能。同时，要强调优化海域开发布局、加快海洋开发进程，重视加强广大内陆地区与沿海地区的合作，通过海陆间联系通道体系的不断完善、产业转移步伐的加快和海陆生态环境保护协作的加强，推动沿海、内陆和海域一体化发展。

（三）加快陆海双向“走出去”步伐，拓展国家发展战略空间

全面开放是我国当前奉行的基本国策，而加快“走出去”步伐是其中的主要方向，是拓展国家发展战略空间的必然选择。未来要进一步加快以国际次区域合作为主要形式的沿边国际合作步伐，与此同时，顺应海洋开发全球化和海洋问题国际化的趋势，着眼于我国在全球的战略利益，将走向全球大洋作为我国对外开发和实施“走出去”战略的重要方向。必须以更加长远的眼光、更加开放的视野，跳出我国管辖海域范围的局限，在加强领海和近海资源开发利用的同时，积极应对全球海洋战略安全事务，参加公海、国际海底区域和南北极等国际“公土”的战略利益角逐，加强海洋开发与保护的国际合作，加快海洋战略通道安全维护能力建设，增强我国在全球海洋开发和公益服务中的能力与话语权，维护我国海洋权益、展示我国负责任的大国形象。

（四）提高综合管控能力，夯实陆海统筹发展基础

陆海统筹是战略性思维，政府在其中居于主体地位，必须充分发挥好国家和地方各级政府的职能。在国家层面上，要注重通过宏观战略、规划、政策、法律法规的制定，统筹规范陆地和海洋开发活动，并发挥在国家海上综合力量建设、海洋权益维护和国际交流中的主体

作用。在区域和地方层面，应主动服务国家海洋强国建设，加强区域性国土（海洋）规划、生态环境保护规划和政策的制定，推动海陆国土资源合理开发、区域性重大基础设施建设和以流域为基础、以河口海陆交汇区为重点的海陆生态环境综合保护与治理等。在强调发挥政府主导和引领作用的同时，对资源开发利用、产业发展等经济活动，要注重不断改革管理体制、完善市场机制，充分发挥市场在陆海经济发展中的决定性作用。适应陆海关系协调的需要，借鉴发达国家海洋和海岸带管理的经验，要以强化综合管理为主要方向，不断完善体制机制，强化行政、经济和法律手段，协调各方面、各层次利益关系，为海陆资源、空间利用的综合管制和生态环境的一体化治理提供保障。着眼于海洋开发能力的提升，要坚定不移地实施科技兴海规划，加大国家对海洋科技发展的投入，整合科研、教育、企业、国防等方面的资源和力量，着力推动深远海调查研究、海洋监测、资源勘探开发等领域的技术研发，提高海洋技术装备的国产化水平和海洋科技对经济的贡献率，增强海洋经济发展的核心竞争力。

主要参考文献

鲍捷，吴殿廷，蔡安宁，等．2011. 基于地理学视角的“十二五”期间我国海陆统筹方略［J］．中国软科学，(5)：1-11.

曹忠祥．2014. 对我国陆海统筹发展的战略思考［J］．宏观经济管理，(12)：30-33.

曹忠祥，高国力，等．2015. 我国陆海统筹发展研究［M］．北京：经济科学出版社：1-63.

曹忠祥，高国力．2015. 我国陆海统筹发展的战略内涵、思路与对策［J］．中国软科学，(2)：1-12.

曹忠祥，宋建军，刘保奎．2014. 我国陆海统筹发展的重点战略任务［J］．中国发展观察，(9)：42-45.

陈力．1990. 战略地理论［M］．北京：解放军出版社．

广东省社会科学院海洋经济研究中心课题组．2011. 世界与中国海洋经济发展状况与发展战略［R/OL］. http：//www. gdass. gov. cn［2019-09-08］.
韩立民，卢宁．2007. 关于海陆一体化的理论思考［J］. 太平洋学报，(8)：82-87.
李景光．2005-9-9. 印度的海洋综合管理［N］. 中国海洋报（国际海洋版）.
李义虎．2007. 从海陆二分到海陆统筹——对中国海陆关系的再审视［J］. 现代国际关系，(8)：1-7.
刘畅．2012. 中国离海洋经济大国有多远［J］. 报刊荟萃，(12)：21-22.
毛磊．2004. 谋求持续发展，美国酝酿变革海洋管理政策［OL］. http：//jczs. sina. com. cn［2015-05-06］.
曲金良．2013. 海洋文明强国：理念、内涵与路径［OL］. http：//www. 71. cn/2013/0828/730361. shtml［2013-08-28］.
孙吉亭，赵玉杰．2011. 我国海洋经济发展中的海陆统筹机制［J］. 广东社会科学，(5)：41-47.
吴征宇．2012. 海权与陆海复合型强国［J］. 世界经济与政治，(2)：38-50+157.
肖鹏，宋炳华．2012. 陆海统筹研究综述［J］. 理论视野，(11)：74-76.
徐质斌．2008. 陆海统筹、陆海一体化经济解释及实施重点［A］.// 中国海洋论坛组委会．2008 中国海洋论坛论文集［C］. 青岛：中国海洋大学出版社：13-26.
叶向东．2008. 海陆统筹发展战略研究［J］. 海洋开发与管理，(8)：33-36.
俞树彪，阳立军．2009. 海洋区划与规划导论［M］. 北京：知识产权出版社.
张耀光，刘锴，王圣云．2006. 关于我国海洋经济地域系统时空特征研究［J］. 地理科学进展，(5)：47-56+133.

第三章 海洋国土开发空间拓展与布局优化

我国海洋国土面积广阔，海洋资源丰富。从现实的发展来看，海洋资源的开发将有利于缓解日益严峻的资源环境形势，并将为地区经济的发展培育出新的增长点。就长远发展而言，丰富的海洋资源作为重要的战略储备，对于稳定国民经济发展必将起到十分重要的作用，成为国家安全的重要保障。过去几十年来，伴随着我国区域发展战略重点在内陆和沿海之间的梯次推移，海洋国土在国家国土开发总体格局中的地位逐步提升，海洋开发经历了由慢到快的发展过程，已经具备了良好的基础，但也暴露出一些突出的问题。在新的历史条件下，全球性资源环境问题的加剧将促使海洋开发进一步升温，我国加快构建双循环发展新格局，经济发展与安全对海洋的依赖加深，海洋权益维护的形势更加复杂，迫切要求国家要加快海洋国土开发进程，不断挖掘海洋国土资源潜力，强化海洋开发对国家发展与安全的支撑作用。

一、我国海洋国土资源基础

（一）我国主张的海洋国土范围

中国近海是西太平洋边缘海的一部分，包括渤海、黄海、东海、南海和台湾省以东太平洋的一部分，面积约 470 万平方千米。除根据《联合国海洋法公约》的有关规定，我国目前主张管辖的海域面积约为 300 万平方千米（其中内水和领海 38 万平方千米），约为陆地面积的三分之一，拥有 3.2 万千米长的海岸线（含大陆海岸线和岛屿岸线）。我国共有海岛 1.1 万多个，面积 500 平方米以上的岛屿有7 300多个。

（二）海洋资源基本状况

我国海域处在中、低纬度，南北纵跨热带、亚热带和温带三大气候带，自然环境和资源条件十分优越，为海洋开发奠定了良好的基础。

1. *生物资源*

我国海域生物种类众多，全部生物物种已达 20 000 种以上，其中动物约占 70%，原生生物约占 27%。在我国海域中，分布 70 多个大小不等渔场，除辽东湾、滦河口、渤海湾、莱州湾等渤海渔场外，其他绝大多数渔场均分布在我国黄海、东海、南海的专属经济区，尤以南海数量最多、范围最广，在我国渔业发展中的地位最为重要。种类繁多的海洋生物资源为生物制药业的发展奠定了基础，目前入药种类已达 700 多种，用于抗菌、降血压、止痛和营养保健等方面。此外，海域的相对封闭性使我国海域珍稀濒危物种和特有物种资源优势明显，为开展物种进化研究及开发提供了有利条件。

2. *石油和天然气资源*

多年的地质调查和勘探发现，我国大陆架和海域蕴藏着极为丰富的石油和天然气资源。有研究显示，在我国传统疆界线以内海域的 38 个盆地内，拥有 351. 77 亿～404. 37 亿吨油当量的油气资源，占陆上油气资源的 35. 38%～40. 67%，从单位国土面积所拥有的资源潜力来看，海域油气资源潜力远大于陆地①。随着勘探程度的进一步提高，油气资源的储量还在进一步增长。

在黄海海域，南黄海盆地沉积以新生代地层为主，沉积厚度较大，盆地中部隆起将盆地分割为南北两个凹陷，在南部凹陷钻探发现油迹和原油侵染现象，证实为良好的生油地层。

---

① 肖国林．中国海域油气资源潜力及其勘探前景．见：我国专属经济区和大陆架勘测研究论文集［M］．北京：海洋出版社，2002。

东海大陆架海盆面积25万平方千米，是我国海域最大的沉积盆地之一，最大沉积厚度达15 000米，以陆相沉积为主，局部有海陆交互沉积，已发现四套含油地层。几十年前李四光就曾断言“中国海上石油远景在东海”。联合国亚洲及远东经济委员会也曾经推断，东海大陆架可能是世界上蕴藏量最丰富的油田之一，钓鱼岛附近海域可能会成为第二个“中东”。国际专家预测东海油气资源储量可达200多亿吨甚至更多。目前已经勘测的数据表明，东海的油气储量达77亿吨，至少够我国使用80年。日本预测东海海底蕴藏着上千亿桶的石油和数千亿立方米的天然气资源。

在南海陆架区的珠江口盆地、琼东南盆地和北部湾盆地，已有多个大型油气田被探明，部分已开始生产。在南海南部，拥有以南沙群岛为主体的整个陆坡高原区和陆架区广阔海域，我国传统海疆线以内（及其附近）分布有27个沉积盆地。据初步调查预测，仅曾母盆地、文莱-沙巴盆地、北康盆地、笔架南盆地、万安盆地、南薇西盆地等海域，拥有的油气资源当量就占到南海南部海域27个沉积盆地油气资源总量的58%①。

3. *多金属矿产资源*

在南海深水区，分布着较为丰富的钴结核、锰结核等多金属矿产资源，钴结核主要分布在水深1 500~1 900米的海山上，如宪北海山、珍贝海山、双峰海山等，其厚度一般为1~3厘米，厚者可达4~5厘米，已发现最大的一块为77厘米×50厘米×19厘米，重39.5千克。锰结核主要分布在水深2 000~4 000米的海盆和大陆坡上，其直径为5~14厘米，目前发现在中沙群岛南部和东沙群岛南部、东部比较富集②。随着深海勘探的进一步加快，将会有更多的多金属资源被发现。

---

① 肖国林．中国海域油气资源潜力及其勘探前景．见：我国专属经济区和大陆架勘测研究论文集［M］．北京：海洋出版社，2002。

② 张耀光等．中国边疆地理［M］．北京：科学出版社，2001。

4. 沿海港口资源

我国沿海岸线曲折漫长。大陆海岸线长达 18 000 千米，有着建设港口的良好自然条件以及发展海运事业的重要经济腹地。我国沿海港口的地理分布特征明显，港口分布比较集中，有 7/10 以上分布在广东、山东、福建和浙江四省沿海地带。

5. 滨海旅游资源

中国沿海地带具备“阳光、沙滩、海水、空气、绿色”5 个旅游资源基本要素，旅游资源种类繁多，数量丰富。据初步调查，中国有海滨旅游景点 1 500 多处，滨海沙滩 100 多处，其中最重要的是国务院公布的 16 个国家历史文化名城，25 处国家重点风景名胜区，130 处全国重点文物保护单位，以及 5 处国家海洋、海岸带自然保护区。

6. 可再生能源

大陆架及深海区的新能源，依其利用区域选择的合理性衡量，温差能和海流能最具开发前景。温差能主要分布在南海，按垂直温差在 18℃以上计算，可供开发的面积约为 3 000 平方千米，其热能资源约 6.3 亿千焦。海流能在全海域都有分布，其中仅黑潮暖流所蕴藏的能量每年就可发电 4 170 亿千瓦时①。除此之外，风能也是具有巨大开发潜力的资源。

7. 海洋化学（海水）资源

世界海洋海水的体积 13.7 万亿立方米，其中含有 80 多种元素，还含有 200 万亿吨重水（核聚变的原料）。海水资源可以分为两大类，即海水中的水资源和化学元素资源。此外，还有一种特殊资源，即地下卤水资源。我国渤海沿岸地下卤水资源丰富，估计资源总量约为 100 亿立方米。

---

① 张耀光等．中国边疆地理［M］．北京：科学出版社，2001。

（三）海洋资源分布的地域差异

我国在地球上所处的地理位置，尤其是海洋分布的地域性，决定了海洋资源地域性强的特点。从我国海洋资源大的地域组合特征看，渤海及其海岸带主要有水产、盐田、油气、港口及旅游资源，黄海及其海岸带主要有水产、港口、旅游资源，东海及其海岸带主要有水产、油气、港口、海滨砂矿和潮汐能等资源，南海及其海岸带主要有水产、油气、港口、旅游、海滨砂矿和海洋热能等资源。此外，沿海省、自治区、直辖市海洋资源禀赋也呈现出差异性特点。以陆域岸线系数来衡量，海洋资源基础最好的是广西，岸线系数高达 0.052 千米/千米^2，资源基础较好的有广东、福建、上海、山东、天津、浙江各省市，岸线系数高于全国大陆岸线系数的平均值，河北、江苏岸线系数低于全国平均水平（表 3-1）。

表 3-1　中国沿海省、自治区、直辖市陆域岸线系数

	海岸线长度（千米）	占全国比例（%）	陆域面积（万平方千米）	岸线系数（千米/千米^2）
辽宁	2 747.8	14.8	14.8	0.018 6
河北	694	3.7	18.88	0.003 7
天津	338.2	1.8	1.2	0.028 2
山东	3 224.2	17.3	15.67	0.020 6
江苏	1 035.3	5.6	10.72	0.009 7
上海	241.5	1.3	0.63	0.038 3
浙江	2 026.2	10.9	10.18	0.019 9
福建	3 225.3	17.3	12.14	0.026 6
广东	3 836.1	20.6	17.97	0.021 3

续表

	海岸线长度（千米）	占全国比例（%）	陆域面积（万平方千米）	岸线系数（千米/千米^2）
广西	12 357	66.4	23.76	0.052 0
合计	18 064.4	100.0	125.95	0.014 8

注：岸线系数=海岸线长度/陆域面积。

资料来源：海岸线长度为2015年数据，引自：许宁．中国大陆海岸线及海岸工程时空变化研究，2016年5月；各省陆域面积来源于2019年《中国统计年鉴》。

从各省、自治区、直辖市海洋资源组合特征来看，水产资源优势最明显的主要是辽宁、福建、广东三省，港口资源占优的主要是河北、天津、山东、江苏、上海、浙江、广西，海南省旅游资源优势最为突出（表3–2）。

表3–2 我国沿海省、自治区、直辖市主要优势海洋资源

省、自治区、直辖市	优势海洋资源
辽宁	水产、港口、油气、旅游
河北	港口、海盐、滩涂、旅游
天津	港口、旅游、滨海砂矿
山东	港口、水产、旅游、油气
江苏	港口、海盐、滩涂
上海	港口
浙江	港口、水产、旅游
福建	水产、港口、油气、旅游
广东	水产、港口、油气、旅游
海南	旅游、港口、油气
广西	港口、旅游、油气

二、海洋国土资源开发利用现状

我国海洋资源开发起步较晚，但发展速度较快。特别是近年来，随着海洋开发的范围由近海向远海、由浅海向深海推进，油气、矿产等新的可开发资源的不断发现，资源开发范围不断扩大，呈现出多元化、深度化和高科技化发展的特点，海洋资源开发结构和空间布局也呈现出新的特征。

（一）海洋资源开发总体状况

1. 以海洋渔业为主要方式的海洋生物资源开发基础稳固

海洋生物是人类食物的重要来源。我国《21 世纪议程》和《海洋 21 世纪议程》均把海洋生物资源的开发放到突出重要的位置。海洋捕捞不仅是传统海洋开发的主要内容，在现代海洋开发中也依然居于十分重要的地位。在我国近海当前海洋环境恶化和渔业资源严重衰退的不利形势下，捕捞业发展基本保持着稳定态势。有研究显示，我国对近海生物资源开发与利用在改革开放的前 20 年里迅猛增长，到 1998 年海洋捕捞产量达 1 200 万吨，产量上升到将近 1979 年的4 倍，为国家优质蛋白质供给做出了重要贡献；1998 年以后，随着国家海洋捕捞“零增长”“负增长”和休渔制度的实施，海洋捕捞渔船数量和海洋捕捞产量停止快速增长，进入了较长一段时间的稳定期，到 2019 年下降到 1 000 万吨，占海洋水产品总量的 30. 5%①。随着海洋渔业资源形势的日益严峻，海水养殖加快发展，已经成为海洋生物资源开发的主导方式。特别是最近十多年来，随着海水养殖技术的不断进步，海水养殖设施与装备水平不断提高，绿色生态养殖、海洋牧场等新型现代养殖模式不断推进，促进海水养殖空间从传统的池塘养殖、滩涂养殖、近岸养殖向离岸养殖业发展不断拓展，海水养殖的规模也

---

① 马阔建等．改革开放四十年国内海洋捕捞业变化分析［J］．中国渔业经济，2021（3）：1-10。

持续扩大。到2019年，我国海水养殖产量达2 100万吨，占海洋水产品总量的60%以上。海洋生物资源的开发在国家粮食安全中发挥着重要作用。

2. 港口岸线资源开发利用基础良好

我国是世界上第一大海运国，港口资源开发和海洋运输发展具有良好的基础。近年来，我国港口资源开发的进程明显加快。随着滨海城市发展空间进一步向滨海地区推移，依托港口岸线资源条件，加快港口建设，兴建港口经济区，催生港城互动型滨海经济中心的形成，已成为沿海地区开发的重要形式。截至2019年，我国沿海规模以上港口码头泊位数达6 426个，比上年增加了276个，同比增长4.5%；码头长度932 185米，比上年增加了55 662米，同比增长6.4%。其中：生产用泊位数5 562个、同比增长4.9%，生产用码头长度869 884米、同比增长6.8%；非生产用泊位数864个、同比增长1.9%，码头长度62 301米、同比增长0.2%。2019年1—12月份，我国沿海规模以上港口货物吞吐量达918 774万吨，累计增长4.3%。目前，中国海港分布格局已形成了环渤海地区港群、长江三角洲港群、珠江三角洲港群和福建东南小型港群。在环渤海地区港群中，大连、天津和青岛分别是辽东半岛、渤海湾地区和胶东半岛的枢纽港；在长江三角洲港群中，上海和宁波—舟山港为枢纽港；在珠江三角洲港群中，枢纽港为广州港；福建东南部的小型港群和西南港口群发展相对均衡，枢纽港尚未形成。

3. 海洋油气开发已成重点

我国海洋油气资源开发起步较晚，但发展相对比较快，特别是近10多年来，通过引进外资、引进技术的合作开发和自主开发相结合，大力推进海洋油气资源开发能力提升，极大地促进了海洋油气产业迅速发展。迄今为止的油气资源开发大体经历了三个阶段。第一阶段是漫长、低速探索阶段（1967—1982年）。在这期间，渤海海域钻井平台相继投入开采，累计产量不足10万吨。第二阶段是产量快速增长阶段（1983—1995 年）。1986 年第一个合作油田埕北油田投产，1993 年海上最大的自营油田绥中 36-1 油田投产，1990—1995 年珠江口盆地海相砂岩油田相继投产，到 1995 年近海原油产量接近 1 000 万立方米。第三阶段是近海油气产量进入高速增长阶段（1996 年至今）。1996 年、2004 年和 2008 年，我国油气当量分别突破 2 000 万立方米、3 000 万立方米和 4 000 万立方米，其中石油产量的增长为国家石油产量增长做出了突出贡献。2008 年与 1990 年相比，全国年产增加总量4 600万吨的 60%，即 2 800 万吨来自海洋石油。2001—2017 年海洋原油产量占全国原油产量的比重见图 3-1。中国海洋石油集团有限公司 2021 年 4 月 23 日发布《中国海洋石油集团有限公司 2020 年可持续发展报告》显示，2020 年全年，中国海油实现油气总产量 1.077 亿吨油当量，油品贸易量 1.28 亿吨，国内油气总产量6 530万吨油当量，均创历史新高。其中，国内原油同比增产 240 万吨，占全国原油产量增幅的 80%以上，海上油气生产已经成为我国重要的能源增长极。

到目前为止，中国近海的油气开发仍然主要集中在渤海、珠江口、琼东南、莺歌海、北部湾和东海盆地 6 个主要含油气盆地，已建成渤海油气开发区、南海东部油气开发区、南海西部油气开发区、东海油气开发区四大海上油气生产基地。2021 年 6 月 25 日，“深海一号”在海南岛东南陵水海域正式投产，标志着我国海洋石油勘探开发能力全面进入“超深水时代”，为今后走向深蓝、走向深海奠定了技术和装备基础。

4. 多金属矿产和天然气水合物资源勘探开发尚处于探索阶段

我国在专属经济区的多金属矿产勘探尚处在初期阶段，目前虽然在南海和东海的局部海域的资源勘探有了一定的发现，但是总体上勘探的深度和范围都十分有限。相比之下，我国在国际海域的多金属资源勘探和开发研究已经走在了管辖海域的前面，随着 1999 年 C-C 海区 7.5 万平方千米海底多金属结核调查“区域”的申请成功及后续新

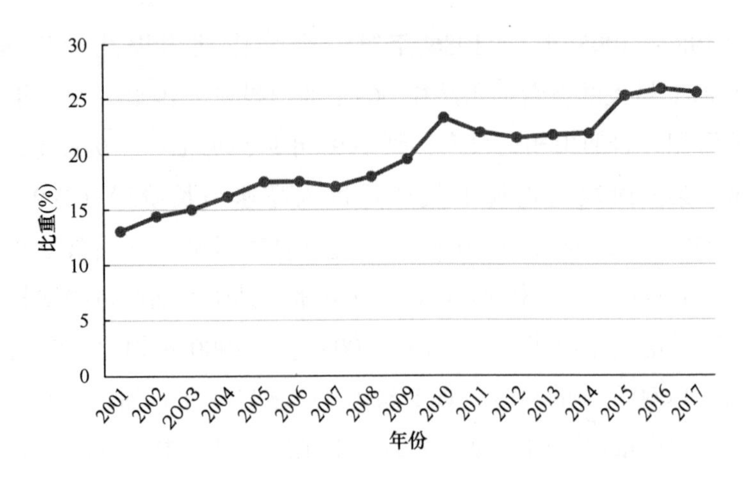

图 3-1 2001—2017 年海洋原油产量占全国原油产量的比重

数据来源：2018 年《中国海洋经济统计年鉴》

“区域”申请立项步伐的加快，我国参与公海多金属结核开采已经奠定了良好的基础，而且为专属经济区多金属资源勘探开发技术储备提供了有利条件。

天然气水合物埋藏于海底的岩石中，和石油、天然气相比，它不易开采和运输，迄今尚没有非常稳妥而成熟的勘探和开发的技术方法，包括我国在内的世界许多国家正在积极研究天然气水合物资源开发利用技术。近年来，我国在东海和南海天然气水合物的调查取得重大突破，初步调查显示，我国南海海底有巨大的可燃冰带，估计总蕴藏量占全国石油总量的50%左右。2017 年，我国南海神狐海域天然气水合物（可燃冰）试采实现连续超过 7 天的稳定产气，取得天然气水合物试开采的历史性突破，使我国成为全球首次试开采可燃冰成功的国家。2021 年 7 月 12 日，中国海油研究总院有限责任公司（简称研究总院）对外宣布，由国家重点研发计划“海洋天然气水合物试采技术和工艺”项目支持的“国产自主天然气水合物钻探和测井技术装备海试任务”在我国南海海域顺利完成海试作业，此举标志着我国海洋天然气水合物钻探和测井技术取得重大进展。

5. 海上新能源开发和海水淡化已有一定的基础

海洋能开发的技术日渐成熟，海洋新能源不断被发现。中国海岸线曲折漫长，潮汐能资源蕴藏量约为 1.1 亿千瓦，可开发总装机容量为 2 179 万千瓦，年发电量可达 624 亿千瓦时，主要集中在福建、浙江、江苏等省的沿海地区。中国潮汐能的开发始于 20 世纪 50 年代，经过多年来对潮汐电站建设的研究和试点，潮汐发电行业不仅在技术上日趋成熟，而且在降低成本、提高经济效益方面也取得了较大进展，已经建成一批性能良好、效益显著的潮汐电站。近年来我国涌现出多个具有开发前景的波浪能、潮流能新技术与新装置，利用波浪能发电装置已广泛应用于沿海灯标、浮标等设备。另外，海水综合利用的规模在扩大，海水淡化和海水直接利用已经在沿海一些严重缺水城市水资源问题的解决中发挥出明显作用。

6. 滨海旅游资源开发方兴未艾

20 世纪 90 年代以来，沿海地区旅游资源开发取得了较大进展，滨海城市旅游基础设施不断加强，接待能力明显提高，促进了旅游业的大发展。目前，沿海地区已初步形成了以城市为依托的滨海旅游网络，滨海旅游业已跃居我国海洋产业的第一位，正成为沿海各地重点发展的支柱型产业之一。

（二）海洋资源开发的主要特征

最近几十年来，我国海洋资源开发整体上呈不断加快趋势，海洋资源开发水平在省际和不同海域之间有着明显的差异，海洋资源开发空间格局与区域自然禀赋、经济科技发展水平和海上维权形势等有着密切的联系。

1. 海洋资源开发水平总体呈不断上升趋势

随着以海洋科技为引擎的海洋开发范围和规模的不断扩大以及资源开发深度的不断加深，海洋开发步伐的不断加快，开发利用方式日趋丰富多样，促进了海洋经济总量的快速增长和结构的多元演进。从资源开发强度来看，我国近年来总体海洋资源开发进程较快，海洋资源开发的产业化正在稳定快速地推进。有研究显示，2002—2015 年间，我国海洋资源开发强度值一直保持稳定的增长态势，从 2002 年的 0.199 提升到 2015 年的 0.370，增长了 86%①。伴随着海洋资源开发强度的提升，海洋资源开发的综合化水平也呈现出明显的上升势头。有研究从海洋生物资源、海洋矿产资源、海洋空间资源和海洋旅游资源四个方面构建海洋资源开发综合指数评价指标体系，利用基于熵权的模糊相对隶属度模型测度我国海洋资源开发综合指数，研究结果显示：2002—2014 年，我国海洋资源开发综合指数呈整体明显上升趋势，其中 2004 年之前我国海洋资源开发综合指数增长变化不明显，2004—2014 年海洋资源开发综合指数增长较快，说明我国海洋资源开发的综合化程度在不断提高（表 3-3）。

表 3-3　部分年份我国海洋资源开发强度和综合化指数

年份	2002	2004	2006	2008	2010	2012	2014
开发强度(1)	0.199	0.221	0.244	0.269	0.286	0.318	0.361
综合化指数(2)	2.843	2.854	3.429	3.576	3.631	3.850	4.124

数据来源：（1）王泽宇等．中国海洋资源开发强度时空格局演化及影响因素分析［J］．资源开发与市场，2018，34（12）；（2）综合化指数根据相关研究结果数据测算。王泽宇等．中国海洋资源开发与海洋经济增长关系［J］．经济地理，2017，37（11）。

2. 海洋资源开发的省际差异明显

沿海省市海洋资源开发强度和综合化指数有着明显的差距。从海洋资源开发强度来看，天津、河北、江苏高于全国平均水平，辽宁、山东和福建接近全国平均水平，其他省市都在全国平均水平之下。从

---

① 王泽宇等．中国海洋资源开发强度时空格局演化及影响因素分析［J］．资源开发与市场，2018，34（12）：1655-1661+1692。

资源开发综合化水平来看，辽宁、浙江、福建、山东、广东五省均高于全国平均水平，其他各省市在全国平均水平之下。综合两项指标结果可以看出，资源开发强度较高的主要集中在北部沿海，特别是天津市的指标高达全国的两倍以上，而海洋资源开发综合化水平较高的多数集中在南部沿海。再结合海洋经济密度的地域差异可以看出，海洋资源开发强度和海洋资源开发综合化指数并未在各省市呈现出明显的正相关关系，反映各省市海洋资源开发的重点和开发效率也有着明显的差异（表3-4）。

表3-4　沿海省、自治区、直辖市海洋资源开发强度、综合化指数和海洋经济密度（2014年）

省区市	开发强度(1)	与全国比值	综合化指数(2)	与全国比值	海洋经济密度（亿元/千米）	与全国比值
天津	0.771	2.14	3.343	0.81	14.88	4.56
河北	0.686	1.90	2.422	0.59	2.96	0.91
辽宁	0.303	0.84	4.693	1.14	1.43	0.44
上海	0.252	0.70	3.560	0.86	25.88	7.94
江苏	0.497	1.38	1.273	0.31	5.40	1.66
浙江	0.224	0.62	5.699	1.38	2.68	0.82
福建	0.299	0.83	4.829	1.17	1.85	0.57
山东	0.357	0.99	8.198	1.99	3.50	1.07
广东	0.210	0.58	6.581	1.60	3.45	1.06
广西	0.235	0.65	1.614	0.39	0.08	0.03
海南	0.137	0.38	2.880	0.70	—	—

数据来源：(1) 王泽宇等．中国海洋资源开发强度时空格局演化及影响因素分析［J］．资源开发与市场，2018，34（12）；(2) 王泽宇等．中国海洋资源开发与海洋经济增长关系［J］．经济地理，2017，37（11）；2015年《中国海洋统计年鉴》

注：海洋经济密度为单位陆域海岸线的海洋生产总值。

3. 海洋资源开发布局同区位、资源和区域经济发展水平联系紧密

自然条件是海洋资源开发的客观基础，我国海洋三次产业更多地是依赖现有的自然资源和海洋空间资源，区域的区位、地理条件等要素对区域产业的形成和发展起基础性作用，是影响海洋资源开发比较稳定的因子。与此同时，区域经济发展的历史基础、经济发展水平、区域发展政策导向和中心城市带动作用强弱等，是海洋资源开发和海洋经济发展水平区域差异的决定性因子。因此，各个省区由于地理位置、自然资源拥有量以及区域经济发展水平的差异建立起的海洋产业系统也是不同的。以海洋水产业为主的主要有辽宁、山东、广西、浙江，以多种产业为主的主要有上海、福建、海南，综合实力较强的是广东、山东、上海、天津。

4. 海洋资源开发和国际大环境特别是海洋维权形势结合紧密

我国海域资源开发利用水平的差异一直深受国际地缘政治、军事形势的影响，特别是和周边国家海上争端的日趋激烈严重影响着我国海洋开发的进程。不同海域之间海上维权形势的差异是造成海洋资源开发水平差异的重要原因。从油气资源开发的海域空间范围来看，我国已开发的十几个海上油气田中产量位居前 6 位的均在渤海，东海海域近几年的开发步伐有所加快，但是在南海的开发则只是集中在浅水区，而对作为南海主体的深水区只进行了路线概查和局部地区的地球物理普查。可以说，我国在开发南海油气资源方面进展十分缓慢，占中国领海面积 3/4 的南海地区，油气开发几乎空白，不多的几口油井都集中在离陆地和海南岛不远的区域。

（三）海洋资源开发面临的主要问题

近年来，伴随着我国海洋资源开发向纵深推进，长期不合理海洋开发所积累的一些问题开始显现，海洋资源开发的宏观战略需求和海洋开发能力不足的矛盾，以及海洋维权形势的掣肘等，也是海洋资源开发面临的突出问题。

1. 海洋资源开发结构不合理，过度开发和开发不足并存

海岸带和近岸海域开发利用程度高，海洋开发活动主要集中在资源比较丰富、生产力水平比较高和易于开发利用的滩涂、河口、海湾区，海洋生态环境承受着巨大压力。以渔业资源开发为例，由于开发利用方式粗放，近海捕捞资源已开发过度，各海区近海的底层、近底层主要传统经济鱼类资源因捕捞过度而处于资源严重衰退甚至濒临枯竭的境地，加之一些传统优质经济鱼类的幼鱼也被大量捕捞，导致已经衰退的经济鱼类资源难以恢复，水产资源向低质鱼转化。与此相对的是，海底油气、金属矿产、能源、旅游等资源开发利用不足，开发潜力巨大，特别是位于我国专属经济区范围内的大量油气资源，潜力还远没有挖掘出来。从油气资源勘探的情况来看，我国海洋油气资源在勘探上整体处于早中期阶段，目前大约还有 2/3 的油气资源尚没有完全探明，尤其是南海主体的深水区油气开发几乎空白。特别值得一提的是，海域旅游资源的开发进程缓慢，从宣示主权的角度出发，未来以南海主要岛屿为重点做足旅游文章将是十分必要的。

2. 不同用海方式矛盾冲突，空间失衡问题突出

海水具有流动性，同一海域海洋资源具有复合性，不同用海方式之间也具有排他性（如旅游、海水养殖、盐业、港口、临海工业、自然保护区等用海类型）。在近海海洋资源开发力度较大、产业地理集中度高的地区，不同行业在分配使用岸线、滩涂和浅海方面的矛盾日益加剧，渔业、盐业、农垦、苇田争占滩涂，盐业、渔业、石油勘探开发、海港和航道建设相互影响，港口建设、城市建设、滨海旅游、渔业养殖等不同开发方式间争夺岸线、海域的矛盾冲突长期存在，不仅造成资源开发无序、效率低下，而且带来严重的资源环境问题。

最近几十年我国沿海地区海岸线一直呈不断增长趋势，但是自然岸线大幅度缩减，人工岸线大幅度增长，给岸线资源利用与保护带来

很大压力。有研究显示①，1980—2015 年，我国大陆海岸线总长度增长了 2 991 千米，其中：人工岸线由 1980 年 5 044. 8 千米上升到 2015 年的 12 747. 8 千米，占总海岸线长度的比重由 32. 3%上升到 68. 5%；自然岸线由 1980 年的 10 468. 1 千米减少至 2015 年的 5 761. 0 千米。在人工岸线类型中，农田围堤所占比例在 1980 年最大，此后逐渐减小；养殖围堤在 1980—1990 年大幅度增加，共增加了 2 204 千米，年均变化率 32. 04%。从 1990 年开始，养殖围堤所占的比例最大，此后增速放缓；2010—2015 年，养殖围堤有所减少。盐田围堤在 1980—2000 年变化不大，此后加速减少。港口码头岸线在整个时期呈快速增长的趋势，2000 年以后的增长趋势最剧烈，至 2010 年所占比例仅次于养殖围堤；1980 年建设围堤所占的比例不高，整个时期呈现出每 10 年至少翻 2. 2 倍的速度增长；交通围堤、丁坝所占的比例不高，呈现持续增长的趋势。到 2015 年，我国大陆人工岸线中，养殖围堤、港口码头岸线、建设围堤分别占大陆海岸线总长度的 24. 4%、18. 8% 和 11. 9%，三者合计占海岸线总长度的 55%和人工岸线长度的 80%以上，是海岸线增长的主要贡献者（表 3-5）。

---

① 许宁．中国大陆海岸线及海岸工程时空变化研究［D］．北京：中国科学院大学．2016。

表 3-5　不同时期中国大陆海岸线变化

海岸线类型		岸线长度（千米）					所占比例（%）				
		1980 年	1990 年	2000 年	2010 年	2015 年	1980 年	1990 年	2000 年	2010 年	2015 年
自然岸线	基岩岸线	5 707.7	5 043.1	4 447.9	3 756.9	3 454.5	36.6	31.8	27.3	21.6	18.6
	砂质岸线	1 810.7	1 702.2	1 586.9	1 385.7	1 318.2	11.6	10.7	9.7	8.0	7.1
	淤泥质岸线	2 305.7	1 097.0	1 017.3	504.8	395.9	14.8	6.9	6.2	2.9	2.1
	生物岸线	643.9	371.0	471.1	706.1	592.4	4.1	2.3	2.9	4.1	3.2
	小计	10 468.1	8 213.3	7 523.2	6 353.5	5 761.0	67.0	51.8	46.2	36.6	31.0
人工岸线	养殖围堤	719.1	3 023.1	4 188.1	4 607.2	4 542.7	4.6	19.1	25.7	26.5	24.4
	盐田围堤	1 074.6	1 073.0	1 025.8	856.2	717.9	6.9	6.8	6.3	4.9	3.9
	农田围堤	2 347.3	1 902.9	1 220.3	874.9	790.7	15.0	12.0	7.5	5.0	4.2
	建设围堤	47.6	228.3	499.0	1 245.8	2 213.7	0.3	1.4	3.1	7.2	11.9
	港口码头	278.9	580.1	978.3	2 341.8	3 493.7	1.8	3.7	6.0	13.5	18.8
	交通围堤	24.8	38.4	44.9	125.9	169.2	0.2	0.2	0.3	0.7	0.9
	护岸和海堤	536.5	657.3	675.1	843.7	762.6	3.4	4.1	4.1	4.9	4.1
	丁坝	15.9	21.9	24.2	34.1	57.3	0.1	0.1	0.1	0.2	0.3
	小计	5 044.8	7 524.9	8 655.8	10 929.6	12 747.8	32.3	47.5	53.2	62.9	68.5
河口岸线		99.7	102.9	98.9	96.2	95.5	0.6	0.6	0.6	0.6	0.5
总计		15 612.6	15 841.1	16 277.9	17 379.4	18 604.4	100.0	100.0	100.0	100.0	100.0

资料来源：许宁．中国大陆海岸线及海岸工程时空变化研究［D］．北京：中国科学院大学．2016。

3. 受技术水平制约的海洋开发能力不足

海洋资源开发具有高技术依赖性的特点，我国海洋科技发展水平整体落后，长期制约着我国海洋资源开发水平的提升。就海洋调查和资源开发技术而言，我国近年来虽然有了比较大的发展，但是油气、深海矿产、海洋空间利用和新能源开发等一些核心关键技术的缺乏，仍然是我国目前海洋开发面临的最突出问题。特别是近年来，随着国际范围内海洋油气资源开发和深海采矿的快速发展，我国在深海资源探采技术和装备方面的“短板”愈加突出。以油气资源开发为例，我国海洋油气开发能力经过几十年的努力虽然有了质的飞跃，但与发达国家相比，海洋油气的勘查与开采能力相对不足。我国近海 70%的油气储量位于深水海域，渤海、东海、南海北部三大石油勘探区石油资源勘探难度越来越大，资源规模变小、类型变差、隐蔽性变强；天然气勘探仍立足于近海浅水区，近年来尚未获得重大发现，勘探局面尚未打破，主攻方向尚不甚明确；天然气水合物调查程度较低，仅初步了解南海北部陆坡的西沙海槽、东沙海域、神狐海域和琼东南海域等 4 个调查区的天然气水合物资源潜力及其分布情况①。我国在深海工程装备及关键技术方面虽有突破性进展，已经具备了海洋油气的勘察、物探、钻井、起重、铺管等系列深水工程装备和“海洋石油981”第六代深水半潜式平台、深水工程船舶以及海洋深水潜器等的制造能力，但是从总体上看仍不能满足我国海洋油气、矿产资源的开发需要。在全球海洋工程装备制造业中，我国产品大多为中低端，海洋钻井平台及各种特殊船舶等高端产品研发、设计、工程总包、关键配套系统和设备基本由欧美垄断。核心部件长期依赖进口，技术受制于人，仍是我国海洋资源开发面临的主要挑战。

---

① 郑苗壮等．我国海洋资源开发利用现状及趋势［J］．海洋开发与管理，2013（12）：13-16。

三、我国海洋国土资源开发面临的形势

我国近代以来国家安全的威胁主要来自海上，未来国家发展与安全也将更多地依赖海洋。进入“十四五”时期，我国经济发展的内外环境将发生深刻的变化，既面临难得的历史机遇，也面对诸多的风险和挑战。从国内环境来看，新发展理念的贯彻落实、高质量发展的深入推进、新发展格局的加快构建，将给海洋开发提供广阔的空间，国家对海洋开发重视程度的空前提高也将对海洋发展提供强劲动力；与此同时，经济增长特别是城市化和工业化发展的资源环境约束强化，国家对生态文明建设的高度关注，将对海洋可持续发展提出更高的要求，海洋资源集约利用和生态环境保护的压力将进一步加大。同时，国际社会对海洋开发关注度的提高，海洋科技与经济的竞争更加激烈，海上国际争端的加剧、以美国为首的发达资本主义国家战略重点向亚太地区的转移，也将对我国维护海洋权益、加快海洋资源开发进程带来更加严峻的挑战。

（一）我国经济发展的战略需求迫切要求加快海洋开发进程

从经济发展的角度来看，海洋是经济活动的重要空间载体、资源安全的战略保障基地和对外联系的重要通道。未来随着我国资源特别是能源消费需求的不断增长、能源资源对外高度依赖风险的加大、全面开放和“走出去”战略实施背景下与国际经济联系的进一步加强，经济发展对海洋的依赖程度将进一步加深。“十四五”时期，我国进入全面建设社会主义现代化的新时期。在这一时期，东部沿海地区作为我国改革开放前沿和社会经济发展“排头兵”的地位将不会有大的改变，沿海地区率先实现现代化的目标、任务与其目前所面临的严峻的资源、环境形势，决定了其对海洋的需求将会进一步加大，对海洋开发将产生重要的推动作用。第一，人口增长和人口趋海移动的进一步加剧，工农业生产和城市化的快速发展，迫切要求通过海洋开发来

解决食物短缺、就业困难、生产和生活空间不足、环境恶化等矛盾，陆地资源，尤其是淡水、能源、矿产等战略性资源的日益枯竭，也将使海洋真正承担起蛋白质资源、水资源、能源和原材料资源基地的重要职能。第二，以产业结构调整为主题的结构创新已成为沿海地区实现现代化的核心任务，而无论从缓解沿海地区基础产业瓶颈还是从强占21世纪产业发展制高点的角度来看，加快海洋科技创新、大力发展海洋化工、海洋油气、海洋新能源开发、海洋生物制药、海水淡化及海水综合利用、深海采矿等新兴高科技产业的海洋开发战略方向，都与沿海地区结构调整的战略需求相适应。第三，区域经济布局重点向滨海地带推移，建设临海型经济发达地带，已经成为未来沿海地区经济空间结构调整的重要方向，由此所带来的工业化和城市化水平的提高以及基础设施条件的改善，不仅将带动相关海洋产业的发展，而且投资环境的改善将为海洋开发营造出新的动力。

（二）国家对海洋经济的重视程度提高，宏观调控力度将加大

随着海洋战略地位的提升，我国政府对海洋经济发展的重视程度近年来有了很大的提高，先后出台了“全国海洋经济发展规划”“全国海洋功能区划”“海洋环境保护规划”“科技兴海规划”等多部纲领性文件，在国家指导下沿海各级地方政府的规划和区划工作也相应得到落实，由国家、省、地、市等多级规划组成的规划体系已经形成，标志着我国海洋开发已经进入科学规划发展阶段。特别值得一提的是，继2008年国家海洋局职能调整、2013年设立高层次议事协调机构国家海洋委员会之后，2018年我国再次对涉海管理体制做出重大改革，包括将国土资源部的职责、国家海洋局的职责及其他相关部门的职责整合，组建自然资源部（对外保留国家海洋局牌子），将海洋资源开发管理相关管理职能并入新成立的自然资源部、将海洋生态环境保护相关职能并入生态环境部、将海上维权执法的海警队伍划归武警部队等。这些变化均标志着我国海洋管理体制改革迈出了重大步

伐，长期制约我国海洋开发涉海管理职能部门间管理问题在很大程度上得到缓解，为陆海统筹发展奠定了体制保障。进入“十四五”时期，海洋开发将被提升到新的战略高度，国家海洋行政管理部门管理职能的完善、相关规划陆续出台并付诸实施，海水淡化、海洋可再生能源利用、海洋空间资源利用等各个领域相关政策的不断完善，都预示着政府对海洋经济发展的调控管理能力及手段将不断得到加强。

(三) 海洋经济加快发展和海洋开发能力不足的矛盾将继续存在

在国家海洋开发力度战略诉求日益强烈、海洋经济发展进程不断加快的形势下，以科技和管理为主要内容的海洋开发能力的不足将在“十四五”时期更加突出，加快海洋开发能力建设已经成为一项紧迫的任务。一方面，在国家推进高质量发展、更加注重科技创新对经济发展引领作用的战略导向下，提升海洋科技创新基础能力将给人才、投入和科技体制机制创新提出更高要求。另一方面，国内经济增长总体步伐放缓，投入能力下降，外部环境趋紧，科技封锁和打压势头有所上升，使我国海洋科技创新经济环境更趋复杂。受此影响，未来我国海洋科技创新的压力和难度将进一步加大，海洋开发能力建设还需要经历一个艰难的长期过程。

(四) 海洋资源和环境问题仍将是制约海洋经济发展的重要因素

未来很长一段时间内，我国社会经济发展所处的阶段性特征决定了沿海地区人口增长、城市化和工业化发展对海洋生态环境的压力将长期存在。首先，陆源污染对海洋环境破坏很难在短期内得到根本遏制，重化工业布局重点的向海推进将加大环境污染加剧的风险。其次，沿海社会经济发展对海洋资源的需求和压力还将不断扩大，沿海地方向海洋要土地、要空间的势头短期内也难以逆转。此外，受科技发展和管理水平的制约，海洋开发利用方式的彻底改变还需要一个过程，不合理开发对海洋资源和环境的影响有可能会进一步加剧。因此，未来海洋资源和环境的保护与管理，将面临更加严峻的形势。

四、海洋国土资源开发的战略重点

就全球海洋资源基础来看，21 世纪海洋的大规模开发利用将使得海洋实物产量不断增多，将可能长期提供 60%左右的水产品、10%左右的石油和天然气、70%左右的原盐、70%左右的外贸货运量以及不断增多的海洋药物、海洋化工、海洋矿产、海洋电力、生产和生活用水等方面的产品。作为当前国际范围内海洋权益争端的核心内容，海洋资源，尤其是海洋战略资源的争夺必将与国际经济、政治、国防、军事等方面的争端与竞争相互交织，使其开发利用对于沿海国家安全的保障已经远远超出了其本身的经济内涵。在未来很长一个时期内，陆地资源过度开发、日益匮乏和海域资源开发缓慢、潜力巨大并存仍将是我国资源保障面临的基本形势，通过开发利用海洋来缓解21 世纪社会经济发展所需的食物、能源和水资源紧张局面将成为国家重要的战略选择。从我国国家层面上的战略资源需求态势来考虑，海洋能源、海洋生物、海洋矿产和海水资源等可作为国家战略资源，在国家资源安全中发挥重要作用①。

（一）重视海洋能源资源开发，缓解国家能源保障压力

富煤、贫油、少气是我国能源资源的基本国情。在我国能源日益紧缺的形势下，海洋能源资源的开发应当也必然在国家能源安全中发挥重要作用。首当其冲的是油气资源的安全问题。我国是世界上的石油生产大国，但同时也是石油消费大国。从 1993 年开始，我国从石油净出口国成为石油净进口国，石油消费对外依存度呈现持续上升趋势，2008 年超过 50%。2019 年，我国原油进口量 50 572 万吨，增长

① 曹忠祥．我国海洋战略资源开发现状及利用前景［J］．中国经贸导刊，2012（2）：38-40。

9.5%，石油对外依存度达70.8%；天然气进口量9 660万吨，同比增长6.9%，对外依存度达43%①。能源供应对国际市场的高度依赖，导致我国经济增长的风险增大，受国际石油市场乃至经济政治形势变化的影响比较明显。一方面，国际油价出现波动，其变化会直接导致进口用汇的大量增减，进而导致外需对经济拉动作用的变化。另一方面，虽然近年来我国石油进口来源日趋多元化，来自俄罗斯等国的石油进口不断增加，但是中东、非洲地区仍是我国石油进口的主要来源地；与此同时，运输石油的线路也没有太多选择，目前进口中东和非洲石油主要还是依托苏伊士运河—印度洋—马六甲海峡海路，有一定的战略风险。鉴于此，以增加国家原油战略储备为核心的石油危机应对机制的建立就成为我国当务之急，而海洋石油资源理应在其中发挥重要作用。今后，在“搁置争议、共同开发”的原则指引下，加强我国与南海周边国家的合作，加快油气资源勘探、开发和利用的步伐，不仅对于缓解我国经济建设中的能源供需矛盾，而且对于增加能源的战略储备具有十分重要的作用。除油气资源外，我国近海潮汐能、潮流能、海流能和波浪能等各种形式的海洋能齐备，而且蕴藏的资源量也比较可观，它们的开发利用对缓解国家能源危机的作用也不容忽视。

（二）加强海洋生物资源保护性开发，助力维护国家粮食安全

海洋是可以大量吸收太阳能并转化为生物资源的场所，蕴藏着巨大的生产潜力，是人类蛋白质的重要来源基地。在浅海中，生物年生长量相当于840千焦/平方米，而陆地农田约1 260千焦/平方米，即两亩海面的年生产能力将超过一亩良田。我国30米等深线以内海域面积有20亿亩（1亩≈667平方米），如果充分利用其生物生产力，就相当于10亿亩农田；1亩高产水面的经济收入，可以顶10亩农田。

---

① 王志刚等．中国油气产业发展分析与展望报告蓝皮书（2019—2020）[M]．北京：中国石化出版社，2020。

另外，中国近海渔业资源的持续可捕量大约330万吨/年。目前浅海滩涂的开发利用尚有较大潜力，在耕地资源日益紧缺、国家粮食安全面临威胁的形势下，大规模发展海洋渔业，尤其是增养殖业和海洋牧场建设，可以提供更多的水产品，改善食物结构。从这个意义上讲，海洋将成为战略性食物资源的基地，海洋生物资源也将成为一种重要的战略资源。

（三）加快海洋矿产资源开发，为国家原材料安全提供支撑

从理论上讲，海洋分布着从陆地上能够找到的所有矿产资源。在2 000~6 000米深的海底区域，蕴藏着丰富的矿产资源，包括大洋锰结核、海底多金属结核、多金属软泥、钴结核等，将形成大规模的深海采矿业。我国陆架和浅海面积广阔，近年来海洋矿产资源勘探开发的成果已经表明，海底矿产资源开发有着巨大的开发潜力和广阔的发展前景，对国家发展及安全具有重要的战略意义。业已发现的锰结核、钴结核和热液矿床等海底矿产资源不仅能弥补陆上锰、铜、钴、镍等金属矿产的不足，而且在国防、航空航天领域有着重要的应用前景，同时其开发活动在维护国家海洋权益方面具有重要作用。因此，海洋金属矿产有望成为国家重要原材料资源安全的重要保障。

（四）挖掘海水资源利用潜力，应对水资源危机

由于以雨雪形式落入陆地的水是“一种绝对有限的资源”，随着全球人口的不断增长和水资源需求的不断加大，水资源危机是必然趋势。有报告显示，1960—2014年，世界的用水量增加了250%，人口增长、饮食结构变化和气候变化等因素，让水资源问题成为全球一大挑战；目前全球有超过10亿人生活在缺水地区，有1/4的人口面临极度缺水危机，到2025年将有多达35亿人面临缺水①。海洋是巨大

---

① 吴乐珺．全球水资源紧缺形势日趋严峻［N］．人民日报，2019-08-23（18）。

的液体矿，人类必然越来越多地直接利用海水或进行海水淡化，以解决水资源不足的矛盾。我国有超过1/3的土地面临着高或极高的水资源压力，水资源压力属于中高水平，从长远发展来看，庞大的人口总量及社会经济快速发展对水资源的需求，都决定了大规模利用海水是未来国家尤其是沿海地区发展的必然选择。近年来，我国的海水淡化能力不断提升，海水直流冷却、海水循环冷却、大生活用海水技术得到不断应用，年利用海水作为冷却水量近千亿吨，海水循环冷却最大单机循环量已达每小时10万吨。目前，我国已建成海水淡化工程123个，全国海水淡化总能力约为每日165万吨。根据国家发展和改革委员会2021年6月印发《海水淡化利用发展行动计划（2021—2025年）》提出的目标，到2025年，全国海水淡化总规模达到每日290万吨以上，新增海水淡化规模每日125万吨以上。未来随着海水利用技术的不断进步，海水直接利用从工业领域向农业领域扩大，对其他产业的支撑以及保障用水安全的重要作用将进一步突显。

五、海洋国土开发空间布局优化的主要方向

针对我国海洋国土资源开发布局存在的突出问题，切实改变过去“由近及远、由浅入深”的海洋资源开发基本思路，以重点资源、重点产业和重点区域为突破口，带动主要海洋资源和海岸带、近岸岛屿、专属经济区及大陆架开发的同步整体推进。未来要突出重点、循序渐进，按照“优近拓远”的基本思路，控制近岸海洋资源开发利用强度，加快深水远海特别是专属经济区和大陆架的海洋资源的勘探开发进程，推进海洋资源开发重点由近岸浅海向远海和深水转移，实现海洋资源开发战略布局的调整。

（一）优化近岸海洋资源开发布局

海岸带是海洋开发的主要基地、海陆经济互动和一体化发展的重要载体，也是海陆之间、不同海洋开发活动之间矛盾冲突最集中的地

带，因此，其开发秩序的维护历来是海洋开发管理的难点，以海岸带为重点的海洋产业和临海产业空间布局的优化也应该成为未来海洋经济发展的重大战略任务。

1. 实施近岸海洋资源开发的统一规划

按照优化海洋功能分区和海洋产业区域分工格局的要求，着眼于沿岸不同区域的区位条件、区域经济发展状况、海洋资源特点和海洋开发现有基础，结合海洋功能区划调整、海洋空间规划编制和相关政策的制定与实施，引导地方合理确定近岸海域功能及不同区域海洋资源开发的主导方向和重点，促进沿海地区海洋开发合理分工和协同发展。重视海岛开发，遵循“开发与保护并重，保护中开发”的原则，加强海岛保护与建设，以严格评估、审批、规划为前提，分类推动无居民海岛合作利用，加快建设海岛生态经济区。

2. 强化海岸带空间利用管制

以保护生态用海空间、增加生活用海空间、控制生产用海空间为基本导向，加强临海/临港工业园区建设的统一、分级规划、监督与管理，严格滨海土地（包括滩涂、湿地）和围填海工业建设用地项目审批和执法监督，提高行政审批的时效和效率。清理违法、违规产业园区建设用地项目，加强园区规划实施过程的监督，提高滨海土地和围填海造地集约利用水平。实施更加严格的围填海项目审批办法，严控沿岸围填海的无序扩张，创新离岸、岛基围填海方式，最大限度保护滨海湿地等重要生态空间。以区域功能定位和规划为依据，合理确定产业园区发展的方向与重点，杜绝钢铁、石化、机械等重化工业项目的盲目上马和散乱布局。正确处理临海/临港产业发展和城市生态景观及海洋生态环境保护的关系，实施生态环境影响预评价和环境准入制度，严格限制高污染项目进入临海产业园区。

3. 重视港口资源空间整合

港口是沿海地区乃至国家发展的核心战略资源，在我国走向国际化及沿海地区城市化和工业化发展以及区域空间结构调整中具有突出重要的作用。国内外发展的经验表明，整合港口资源能大大增强港口群经济集聚和产业派生能力，使港口所在区域从被动型生产力布局转向主动型生产力布局，创造新的经济增长点和产业链。针对我国目前港口资源利用效率低下、主枢纽港货物严重分流、港口盲目扩张和恶性竞争不断加剧的实际，要将港口资源整合、功能完善和布局优化作为海洋经济发展的一项重要任务。以科学规划为前提，按照"深水深用、浅水浅用、综合开发、服务市场"的原则，以深水泊位的开发建设为重点，整合、整治、开发三路并进，进一步优化港口资源配置。淡化行政区划的限制，加强海洋、交通、农业等部门间的协调与合作，强化港口建设的统一规划与管理，为港口建设和海洋运输的发展营造良好的市场氛围，在市场竞争中推进港口资源的整合。巩固主枢纽港的地位，充分发挥支线港和喂给港的辅助作用，进一步加强港口群内部的分工与协作，促进港口群整体协调发展。

（二）优化海域开发格局

强化海洋国土的主体地位，提升渤海和东海、黄海我国主张管辖海域的国土地位，并纳入沿岸地区国土规划体系。在此基础上，充分考虑南海与渤海、东海、黄海在与陆地地理位置关系及其海洋自然属性的不同，以及南海海域远离大陆本土、资源潜力大、战略价值突出的实际，谋划建设以海洋资源开发和中转贸易为主要方向的南海海上开放开发经济区，使之成为我国海上资源开发合作的重要基地、对外贸易的中转基地和维护主权权益安全的前沿阵地。

1. *渤海海域*

实施最严格的生态环境保护政策，限制大规模围填海活动和对渔业资源影响较大的用海工程建设；修复渤海生态系统，逐步恢复双台子河口湿地生态功能，改善黄河、辽河等河口海域和近岸海域生态环境；适度控制渤海新油气田的开发，将渤海变成我国油气资源的战略储备基地。维护渤海海峡区域航运水道交通安全，开展渤海海峡跨海通道研究。

2. 黄海海域

要优化利用深水港湾资源，建设国际、国内航运交通枢纽，发挥成山头等重要水道功能，保障海洋交通安全。稳定近岸海域、长山群岛海域传统养殖用海面积，加强重要渔业资源养护，建设现代化海洋牧场，积极开展增殖放流，加强生态保护。合理规划江苏沿岸围垦用海，高效利用淤涨型滩涂资源。科学论证与规划海上风电布局。

3. 东海海域

要充分发挥长江口和海峡西岸区域港湾、深水岸线、航道资源优势，重点发展国际化大型港口和临港产业，强化国际航运中心区位优势，保障海上交通安全。加强海湾、海岛及周边海域的保护，限制湾内填海和填海连岛。加强重要渔场和水产种质资源保护，发展远洋捕捞，促进渔业与海洋生态保护的协调发展。加快东海大陆架油气矿产资源的勘探开发，强化对钓鱼岛海域渔业资源开发利用与管理，坚决捍卫国家主权。

4. 南海海域

适应海上开放开发经济区建设的要求，不断加大海岛资源保护与开发力度，强力推动港口和其他生产生活基础设施建设，加快发展海水淡化、海洋能源、交通运输等基础产业，建立远洋捕捞、海水养殖、生态旅游、交通运输和中转贸易基地，大力推动海上城市建设。大力开发渔业和旅游资源，加强海底油气、矿产调查评价与勘探，做好深海资源开发的技术储备。

（三）加快专属经济区和大陆架资源勘探开发进程

资源利用不仅是获取经济利益的重要渠道，而且是显示存在和维护海洋权益的重要方式，我国当前南海油气开采在南沙海域主权权益维护中的被动局面应该说与我国资源勘探开发能力有限、水平不高和进程缓慢有很大关系。为了加强对管辖海域的实际控制，我国应该实行寓维权于开发的政策，以达到显示存在和宣示主权的目的。为此，今后要站在国家领土主权完整的战略高度、从陆海统筹和全国一盘棋的宏观战略层面重视专属经济区和大陆架的资源开发问题。要进一步加强专属经济区和大陆架资源环境综合调查工作。海洋调查研究不仅是专属经济区海洋开发的重要前提，而且是海洋权益维护的一项基础性工作。由于历史和现实的原因，我国海洋调查研究基础总体上比较滞后，针对专属经济区和大陆架资源环境状况的综合性调查还明显不足，难以适应大规模海洋开发的要求。在当前背景下，我国应进一步加大科技和资金的投入，由相关部门抓紧进行全面的海洋调查，掌握全面的海洋学资料，为未来海洋开发和通过外交谈判或利用法律手段解决争端提供科学依据和证据。

主要参考文献

曹忠祥 . 2012. 我国海洋战略资源开发现状及利用前景［J］. 中国经贸导刊，(2)：38-40.

曹忠祥 . 2013. 我国海洋经济发展的战略思路［J］. 宏观经济管理，(1)：57-58.

曹忠祥 . 2013. 新时期我国海洋国土开发面临的形势［J］. 今日国土，(1)：38-41.

曹忠祥 . 2015. 陆海统筹优化国土空间开发战略布局［J］. 中国国土资源经济，28(1)：13-15+24.

刘岩，曹忠祥 . 2005-02-18. 21 世纪海洋开发面临的形势和任务［N］. 中国海洋报 .

马阔建，等 . 2021. 改革开放四十年国内海洋捕捞业变化分析［J］. 中国渔业经济，(3)：1-10.

王泽宇，等 . 2017. 中国海洋资源开发与海洋经济增长关系［J］. 经济地理，37(11)：117-126.

王泽宇，等 . 2018. 中国海洋资源开发强度时空格局演化及影响因素分析［J］. 资源开发与市场，34（12)：1655-1661+1692.

王志刚，等．2020. 中国油气产业发展分析与展望报告蓝皮书（2019-2020）［M］．北京：中国石化出版社．

肖国林．2002. 中国海域油气资源潜力及其勘探前景［A］．//《专项学术交流会》筹备组．我国专属经济区和大陆架勘测研究论文集［C］．北京：海洋出版社：85-89.

许宁．2016. 中国大陆海岸线及海岸工程时空变化研究［D］．北京：中国科学院大学．

杨金森，等．2002. 专属经济区和大陆架［M］．北京：海洋出版社．

张耀光，等．2001. 中国边疆地理［M］．北京：科学出版社．

郑苗壮，等．2013. 我国海洋资源开发利用现状及趋势［J］．海洋开发与管理，（12）：13-16.

第四章　海洋产业发展空间拓展与海陆产业联动发展

海洋经济发展是建设海洋强国的核心，海洋产业发展也是海洋发展空间拓展的关键环节。海洋产业发展是与海洋国土开发密切关联的，海洋资源开发是过程，而海洋经济发展是海洋资源开发的结果，同时也反过来影响海洋资源开发的方式与重点方向。正是由于海洋资源开发的不断深入，才催生了各种门类海洋发展的加快发展，而不合理海洋开发所带来的问题也必然在产业发展上有所体现，制约着海洋产业现代化进程。海洋产业发展空间的拓展就是要从产业升级、产业结构调整、空间布局优化的视角破解海洋发展难题，探寻海洋资源高效开发和价值转化的途径。

一、海洋产业发展现状

进入 21 世纪以来，我国海洋经济发展取得了长足进步，海洋产业规模不断扩大、类型日益增多，产业结构明显改善，社会经济效益显著提高，在国民经济发展中的地位日益突出，对国家特别是沿海地区经济社会发展发挥了重要作用。同时，海洋经济发展也呈现出一些显著的特点和趋势，对未来海洋开发产生重要影响。

（一）海洋经济快速增长，在国民经济中的地位突出

在 21 世纪的头 20 年里，我国海洋经济增长经历了由高速增长到中高速增长的发展过程，大体上和国家经济整体发展呈现出基本一致的态势，但部分年份表现抢眼，海洋经济在国民经济中的地位基本保持着上升势头，在缓解国家资源压力、增加经济实力、扩大就业等方

面发挥了重要作用。2002—2019 年，我国海洋生产总值①年均增长 10.1%，快于同期国内生产总值 9.1%的增长步伐；海洋经济总量迅速扩大，生产总值由 2001 年的 9 518.4 亿元增加到 2019 年的89 415亿元，增长了 8 倍多，占国内生产总值的比重由 2001 年的 8.7%提高到了 2019 年的 9.0%。2001—2010 年是我国海洋经济高速发展时期，海洋生产总值年均增长速度高达 13.4%，比同期国内生产总值年均增速高 2.7 个百分点，由 9 518.4 亿元增加到 38 439 亿元，增长了 4 倍多，占国内生产总值的比重由 8.7%提高到 9.7%。2010 年以后，随着金融危机后世界经济加快调整和国内经济发展步伐放缓的影响，海洋经济发展也明显放慢，海洋生产总值大体和国内生产总值保持着同步增长，海洋经济在国民经济中的比重也基本保持稳定。海洋经济的发展创造了大量的就业机会，2018 年全国涉海就业总人口共计 3 684 万人，占全国就业总人口的 4.7%（图 4-1）。

（二）产业门类不断增多，产业结构呈现积极变化

1. 海洋产业体系不断扩大

伴随着海洋经济总量的快速增长，海洋产业的门类也迅速增多，由原来的海洋渔业、海洋交通运输业、海洋旅游业、海洋油气工业、沿海造船业、海盐及盐化工业、海滨砂矿业七大产业增加到目前的 12 个产业，并带动了海洋农林业、海洋设备制造业、涉海产品及材料制

---

① 海洋经济的范围按照目前国家《海洋经济统计年鉴》中的相关定义中的范围确定。海洋生产总值是海洋经济生产总值的简称，指按市场价格计算的沿海地区常住单位在一定时期内海洋经济活动的最终成果，是海洋产业和海洋相关产业增加值之和。其中：海洋产业是指开发、利用和保护海洋所进行的生产和服务活动，包括海洋渔业、海洋油气业、海洋矿业、海洋盐业、海洋化工业、海洋生物医药业、海洋电力业、海水利用业、海洋船舶工业、海洋工程建筑业、海洋交通运输业、滨海旅游业等主要海洋产业，以及海洋科研教育管理服务业；相关海洋产业是指以各种投入产出为联系纽带，与主要海洋产业构成技术经济联系的上下游产业，涉及海洋农林业、海洋设备制造业、涉海产品及材料制造业、涉海建筑与安装业、海洋批发与零售业、涉海服务业等。

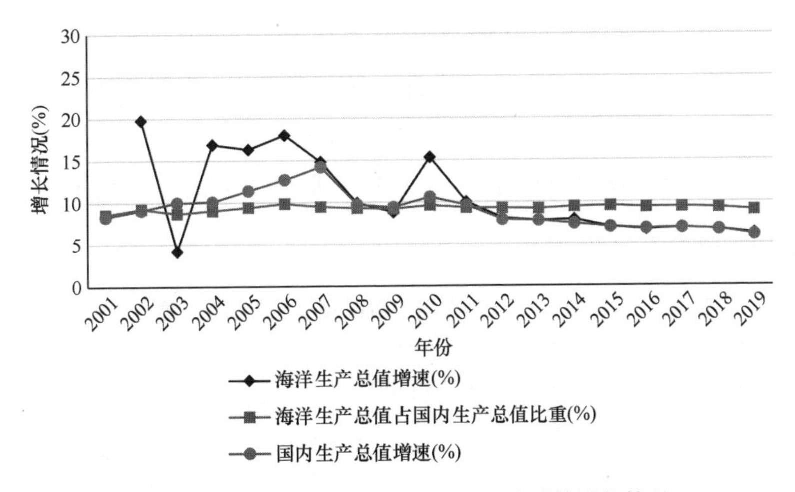

图 4-1　我国海洋生产总值及国内生产总值增长情况

资料来源：2017 年《中国海洋统计年鉴》；2017—2019 年《中国海洋经济统计公报》

造业、涉海建筑与安装业、海洋批发与零售业、涉海服务业等相关产业的发展，海洋经济已经形成了涵盖三次产业、门类齐全、相对完整的产业体系。

2. 海洋新兴产业加快发展

从主要海洋产业发展趋势来看，2010 年以来各产业发展速度均有着不同程度的减缓，但是不同时期和同一时期内不同产业发展情况差异明显，海洋传统产业保持稳定增长，海洋新兴产业发展势头良好，产业升级和结构优化步伐明显加快。从纵向看，2015—2019 年和 2010—2014 年相比，海洋油气业、海洋矿业、海洋盐业、海洋船舶工业、海洋化工业、海洋生物医药业、海洋工程建筑业、海洋电力业、海水利用等产业增长速度下滑最为明显，产业增加值平均增速下降都超过 5 个百分点，而海洋渔业、海洋交通运输业产业增加值平均增速下降相对较小，滨海旅游业增长呈进一步加快趋势。从不同时期内产业平均增长速度的横向对比来看，2010—2014 年，海洋工业发展势头更为强劲，海洋油气业、海洋矿业、海洋化工业、海洋生物医药业、海洋工程建筑业、海洋电力业、海水利用业的产业增加值平均增速都接近或超过10%以上；2015—2019年，在绝大多数产业增速都明显下滑的总体形势下，海洋生物医药业、滨海旅游业、海洋电力业、海水利用业、海洋化工业、海洋交通运输业仍保持较快增长，海洋生物医药业、滨海旅游业、海洋电力业3个产业增加值的年均增速仍高达10%以上（表4-1）。

表4-1 我国主要海洋产业增加值占海洋生产总值比重及增速

产业	2019年占比（%）	2019年同比增速（%）	2010—2014年平均增速（%）	2015—2019年平均增速（%）
海洋渔业	13.20	4.40	5.28	1.28
海洋油气业	4.31	4.70	9.22	2.56
海洋矿业	0.54	3.10	9.24	2.16
海洋盐业	0.09	0.20	0.06	-10.95
海洋船舶工业	3.31	11.30	7.22	0.28
海洋化工业	3.24	7.30	11.12	4.92
海洋生物医药业	1.24	8.00	17.46	11.54
海洋工程建筑业	4.85	4.50	12.2	3.06
海洋电力业	0.56	7.20	17.96	10.94
海水利用业	0.05	7.40	10.95	5.00
海洋交通运输业	17.99	5.80	8.36	6.14
滨海旅游业	50.63	9.30	10.74	11.80

资料来源：历年《中国海洋经济统计公报》和《中国海洋经济年鉴》

3. 海洋产业结构明显优化

产业门类的增多、产业升级步伐加快，特别是海洋工业和服务业的加快发展，使海洋产业结构产生了积极的变化。2001—2019年，我国海洋产业结构变动总体呈现出服务业快速发展、占海洋生产总值的比重不断提高的态势，海洋三次产业结构由 2001 年的 6.8：43.6：49.6 调整为 2019 年的 4.2：35.8：60，海洋第一、第二产业比重明显下降，海洋第三产业比重大幅度攀升，呈现出“三、二、一”产业发展格局（图 4-2）。从海洋产业结构的演变过程可以看出，21 世纪以来我国海洋三次产业结构的变动主要以海洋工业比重的显著下降和海洋第三产业比重的显著提升为主要趋势，海洋第二产业和海洋第三产业增长呈现出显著负相关关系，而海洋产业结构调整方向的服务化是在未经历海洋工业充分发展的基础上形成的，这与全国整体经济结构的变化有着明显的差异。海洋产业结构演变这一特征的形成，是与海洋开发的高技术依赖特征和我国海洋技术发展相对滞后的现实情况相适应的。

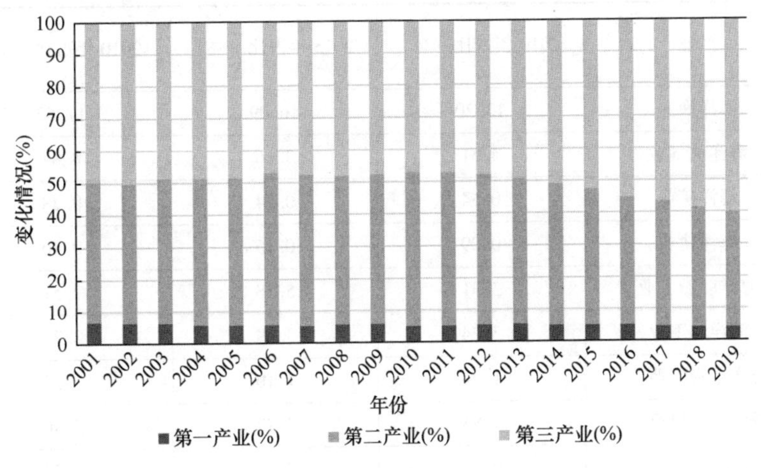

图 4-2　我国海洋三次产业结构变化情况

资料来源：2017 年《中国海洋统计年鉴》；2017—2019 年《中国海洋经济统计公报》

从主要海洋产业增加值构成来看（表 4-2），2019 年我国海洋渔业和海洋交通运输业两大传统支柱产业比重分别为 13.2%和 17.99%，比 2015 年下降了 3.7 个和 3.03 个百分点，比 2010 年下降了 4.42 个和 5.4 个百分点，而同期滨海旅游业增长了 10.09 个和 17.87 个百分点。“十三五”时期以来，海洋电力业、海洋生物医药业、海水利用业增加值年均增长 14.9%、12.3%和 7.6%；同时，伴随着我国居民消费结构的升级，邮轮游艇、休闲渔业等新业态快速发展，带动海洋旅游业较快增长，海洋旅游业成为对海洋经济贡献最大的产业，贡献率达到 32.6%①。需要说明的是，虽然海洋新兴产业呈现出加快发展的势头，但是由于受滨海旅游业超高速增长的“挤压”，海洋新兴产业占主要海洋产业增加值的比重并未显示出显著提高。整体来看，中国滨海旅游业目前仍是海洋经济的重要组成部分，未来发展空间较大，能够有力带动海洋经济发展。战略性新兴海洋产业占比仍然较低，短期内难以成为促进海洋经济增长的主导产业，但其发展潜力巨大，辅以相应的政策支持和前瞻性的产业规划，未来有望为海洋经济的发展带来新的活力②。

表 4-2　我国主要海洋产业增加值构成变化

产业	2019 年占比（%）	2015 年占比（%）	2010 年占比（%）
海洋渔业	13.20	16.09	17.62
海洋油气业	4.31	3.66	8.04
海洋矿业	0.54	0.24	0.28
海洋盐业	0.09	0.15	0.40
海洋船舶工业	3.31	5.38	7.51
海洋化工业	3.24	3.59	3.79
海洋生物医药业	1.24	1.10	0.52
海洋工程建筑业	4.85	7.73	5.40
海洋电力业	0.56	0.45	0.24
海水利用业	0.05	0.05	0.05
海洋交通运输业	17.99	21.02	23.39
滨海旅游业	50.63	40.54	32.76
合计	100.00	100.00	100.00

资料来源：2019 年《中国海洋经济统计公报》；2011 年、2016 年《中国海洋经济年鉴》

① 徐丛春，胡洁．“十三五”时期海洋经济发展情况、问题与建议［J］．海洋经济，2020（5）：57-64。

② 孙久文，高宇杰．中国海洋经济发展研究［J］．区域经济评论，2021（1）：38-47。

（三）海洋经济区域发展格局成型，区域差距呈扩大态势

受沿海地理位置、自然地理和海洋资源条件以及区域经济发展的历史基础、经济发展水平、区域发展政策导向和中心城市带动作用强弱等诸多因素的影响，沿海地区海洋资源开发和海洋经济发展水平呈现出明显的区域差异。

1. 海洋经济发展水平呈现出明显的南北差异

沿海北部、中部、南部三大海洋经济圈①海洋经济发展水平差异明显（表4-3）。从海洋经济总量看，2018 年，北部、东部、南部三大海洋经济圈海洋生产总值分别为 26 219 亿元、24 261 亿元、32 934 亿元，与上年相比分别增长了 7.0%、8.0%、10.6%（现价），增速有小幅度回落，海洋生产总值占全国海洋生产总值的比重基本稳定，分别为 31.4%、29.1%、39.5%；与 2015 年相比，北部、东部海洋经济圈分别回落了 1.1 个和 0.6 个百分点，南部海洋经济圈上升了 1.7 个百分点②。从海洋产业结构看，三大海洋经济圈海洋产业发展水平呈现出明显的“北重南轻”特征。2017 年，北部的环渤海地区海洋第一产业和第二产业比重均高于全国，特别是海洋第二产业，在海洋生产总值中所占比重高于全国平均水平近 4 个百分点；中部的长三角地区海洋第三产业所占比重高于全国，但海洋第一、第二产业所占比重均低于全国平均水平；南部海洋经济圈海洋第三产业在三大海洋经济圈中所占比重最高，高于全国 2 个百分点。从海洋生产总值占地区生产总值的比重来看，北部和南部海洋经济圈均高于全国，尤以北部

① 依据《全国海洋经济发展“十三五”规划》，北部海洋经济圈指由辽东半岛、渤海湾和山东半岛沿岸地区所组成的经济区域，主要包括辽宁省、河北省、天津市和山东省的海域与陆域；东部海洋经济圈指由长江三角洲的沿岸地区所组成的经济区域，主要包括江苏省、上海市和浙江省的海域与陆域；南部海洋经济圈指由福建、珠江口及其两翼、北部湾、海南岛沿岸地区所组成的经济区域，主要包括福建省、广东省、广西壮族自治区和海南省的海域与陆域。

② 徐丛春，胡洁．“十三五”时期海洋经济发展情况、问题与建议［J］．海洋经济，2020（5）：57-64。

海洋经济圈海洋经济在国民经济发展中的地位最为突出，中部海洋经济圈海洋经济发展的潜力还有待进一步挖掘。

表 4-3　三大海洋经济圈海洋生产总值构成及占地区生产总值比重（2017 年）

地区	海洋生产总值（亿元）	第一产业（%）	第二产业（%）	第三产业（%）	海洋生产总值占地区生产总值比重（%）
北部	24 507.3	5.2	41.1	53.7	19.3
中部	22 469.5	4.3	36.6	59.1	12.5
南部	29 732.3	4.7	35.8	59.5	18.6
合计	76 749.0	4.7	37.7	57.5	16.6

资料来源：2018 年《中国海洋经济统计年鉴》

2. 省际差异主导着海洋经济发展的区域格局

海洋经济发展的总体差异主要源于不同地带内各省市发展的不平衡，不仅不同海洋经济圈之间海洋经济发展水平差距悬殊，同一海洋经济圈内部不同省市也有着明显的差异（表 4-4）。从全国看，广东、山东 2017 年海洋生产总值分别高达 17 725 亿元和 14 191 亿元，合计占全国的 40%以上，海洋生产总值占地区生产总值的比重也高于全国 3 个百分点左右，在全国海洋经济发展中居于领军地位；福建、浙江、江苏、上海海洋生产总值在 5 000 亿～10 000 亿元之间，但福建、上海的海洋生产总值占地区生产总值比重显著高于全国，也高于广东和山东两省；其他省市的海洋生产总值均低于 5 000 亿元，海南省海洋生产总值占地区生产总值比重居沿海省市首位，这是由海岛经济的特殊性所决定的。从各海洋经济圈内部来看，省市间差距比较明显的主要是北部和南部海洋经济圈，中部海洋经济圈 3 省市海洋经济发展相对比较均衡。

表 4-4　2017 年我国沿海各省、自治区、直辖市海洋生产总值构成及占地区生产总值的比重

省区市	海洋生产总值（亿元）	第一产业（%）	第二产业（%）	第三产业（%）	海洋生产总值占地区生产总值比重（%）
天津	4 646.6	0.2	46.4	53.4	25.1
河北	2 385.5	3.6	34.7	61.7	7.0
辽宁	3 284.1	13.7	31.8	54.5	14.0
山东	14 191.1	5.1	42.6	52.3	19.5
上海	8 494.7	0.1	33.6	66.3	27.7
江苏	6 933.4	6.4	45.6	48.0	8.1
浙江	7 041.4	7.4	31.3	61.4	13.6
福建	9 384.0	6.4	33.9	59.7	29.2
广东	17 725.0	1.8	38.2	60.0	19.8
广西	1 337.0	15.9	33.5	50.5	7.4
海南	1 286.3	20.7	18.5	60.8	28.8
合计	76 749.0	4.7	37.7	57.5	16.6

资料来源：2018 年《中国海洋经济统计年鉴》

二、海洋产业发展存在的主要问题

经过几十年的快速发展，我国海洋经济总量规模虽然有了大幅度扩张，已超越美国在全球占据领先地位，但是海洋经济发展的质量与效益不高，仍与发达海洋国家存在着明显的差距。在过去发展中，海洋经济的快速增长在很大程度上是依托资源型传统产业规模的扩张来实现的，海洋发展层次低、生产效率低、空间布局不合理，海洋经济发展方式整体上仍比较粗放。这是未来拓展海洋产业发展空间必须着力解决的重要问题。

（一）产业发展层次低，传统产业仍占据主导地位

从国内外海洋经济发展趋势来看，海洋渔业、海洋交通运输业、滨海旅游业和海洋油气业已成为世界海洋经济主要产业，而中国海洋油气产业发展相对滞后，前三类产业是我国目前海洋经济发展的支柱产业。2019 年，在我国主要海洋产业中，滨海旅游业、海洋交通运输业和海洋渔业增加值合计所占比重达 81.8%，比 2010 年增长了 7.8 个百分点，滨海旅游业比重甚至达到一半以上，而代表现代海洋开发水平的海洋工业发展相对滞后、所占比重尚不足 1/5，特别是作为海洋新兴产业的海洋生物医药、海洋电力、海洋化工业和海水利用业整体规模偏小，增加值占主要海洋产业增加值比重合计仅 5.1%，部分产业发展尚处于起步阶段（图 4-3）。排除其他因素的影响，科技支撑力不足是影响海洋产业升级的主要原因。

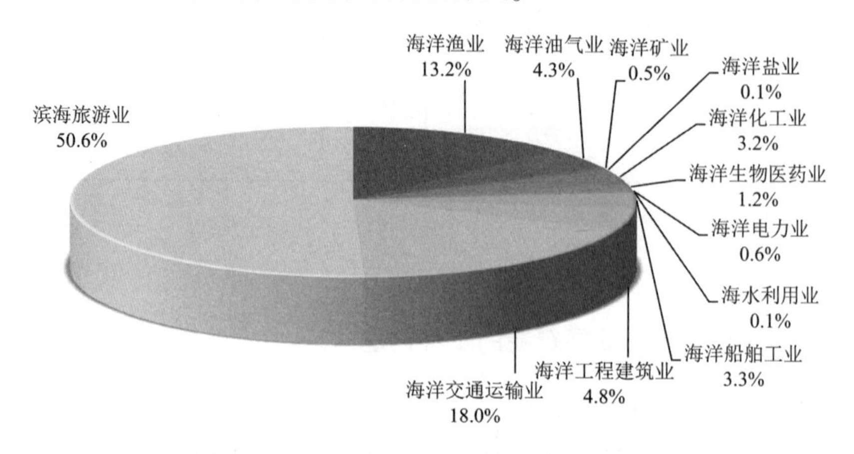

图 4-3　2019 年我国主要海洋产业增加值构成

资料来源：2019 年《中国海洋经济统计公报》

（二）海洋产业生产效率低下，经济效益有待提升

我国海洋经济生产效率仍有较大的提升空间。2016 年，中国每单位涉海从业人员创造的海洋经济产值为 3.46 万美元，较 2006 年增加

了1.10万美元，增长较为显著，但是相较于这些发达国家仍有较大差距，美国人均海洋经济生产总值约为我国的2.70倍；每千米海岸线创造的海洋经济生产总值为13.36万美元，相较于以往有了大幅度的增加，已达到与美国较为接近的水平，远高于加拿大和澳大利亚，说明中国对海洋资源的利用已经达到了相对较高的强度①。高强度的海洋资源开发和低下的海洋生产效率形成鲜明的对比，是我国海洋资源开发利用和海洋经济发展方式粗放的有力佐证。

与产业的低层次和生产的低效率相适应，我国海洋产业发展的经济效益也不高。目前，在我国海洋经济发展中"一枝独大"的滨海旅游业发展仍处于初级阶段，旅游资源开发层次较低，对海洋自然景观依赖性较强，旅游休闲服务种类较为单一，产业经济效益和产业乘数效应还远没有发挥出来。在海洋交通运输业方面，我国产业总体规模大，但是效益不高。2018年中国有9个港口集装箱吞吐量位居世界前20位，占世界总吞吐量的24.19%，然而中国船队规模仅占世界船队规模总吨位的8%，海运服务难以满足自身需求，较多海运服务由国外航运公司提供，我国在经济效益分配上不足全球航运市场的10%②。在海洋渔业方面，我国海洋水产品产量虽位居世界第一，但渔业发展对资源依赖性强，产品附加值低，产业经济效益不高。此外，海洋新兴产业虽然发展较快，但是多数产业都不同程度地存在技术短板和成本较高等问题，影响产业经济效益的发挥。

（三）沿海区域海洋产业同构和重复建设问题突出

虽然随着近年来我国海洋相关规划和区划的出台，海洋利用和海洋产业在空间上的盲目扩张得到了一定程度的控制，但是区域分工体系仍不完善，协调配合仍不够，无序竞争仍存在，产业布局混乱、产业同构和重复建设问题依然十分突出。从沿海各省的海洋主导产业来

---

①② 孙久文，高宇杰．中国海洋经济发展研究［J］．区域经济评论，2021（1）：38-47.

看，全国性海洋产业的低层次和传统产业为主导的海洋产业结构格局，使各省市海洋主导产业选择高度雷同和相似，主要集中在渔业、滨海旅游和海洋交通运输三大行业。从海洋渔业发展来看，近年来海水养殖蜂拥而上，养殖结构单一，同类养殖品种遍布沿海各地，不仅生产风险加大，而且容易引发恶性的市场竞争。另外，随着沿海陆域土地资源的紧缩供应，沿海地区曾经进行大规模“围海造地”发展临港工业，导致重化工业在沿海各地“遍地开花”，不仅未发挥应有的产业集聚效应和规模效应，而且带来严重的资源浪费和环境问题。港口建设的竞争更加激烈，如沿渤黄海地区的青岛港、大连港和天津港为争夺北方国际航运中心的地位，均加大了对新型集装箱码头、大型原油码头和矿石码头的建设力度，促使竞争不断升级；营口港对大连港、烟台港对青岛港等也提出了严峻挑战。同类竞争在滨海旅游业发展中也同样存在。以山东省为例，山东省海岸带地区已建成 10 多处省级以上滨海旅游度假区，由于所依托的滨海旅游资源类似，滨海旅游产品雷同，导致旅游企业恶性竞争，旅游产品质量下降，旅游形象受到损害，旅游资源与环境遭到破坏。

三、海洋产业发展的国际国内趋势

海洋产业的发展始终是和国际国内经济发展特别是海洋经济发展的大势密切联系的，不仅过去海洋产业发展的轨迹深受国内外经济发展和海洋开发形势的影响，未来产业发展方向和重点的选择，也只有从国际国内海洋产业发展趋势的准确把握中才能找到合理的定位。

（一）国际形势

2008 年，席卷全球的国际金融危机对世界经济发展产生巨大冲击，世界经济、贸易发展进入“二战”以来的首次全面衰退期。面对危机，各国政府和央行联手行动，通过一系列刺激经济增长的政策措施救助金融市场、稳定世界经济形势，尽管这些措施在当时特定的发展时期对稳定金融市场信心和信贷危机发挥积极作用，但是危机所带来的经济波动性、安全性问题引发了世界各国对原有经济发展模式的反思，由此开启了全球性经济结构和发展方式调整的进程。在后金融危机的很长一个时期内，世界经济经历了缓慢恢复和调整的过程，危机所引发的全球性发展模式的巨大变革导致世界经济增长势头、经济体系格局、国际经贸规则发生重大变化，实体经济发展和创新引领作用在世界主要国家得到普遍重视。特别是最近两年来，新冠肺炎疫情在全球肆虐，给世界经济生产和流动性再次带来沉重打击。这种形势对国际海洋经济的发展产生重大影响，使其呈现出一些新的趋势和特征。

1. 海洋经济增长速度总体上有所放缓

海洋经济具有对外依赖性强的特征，国际金融危机以来国际经济流动性减弱对外向型经济的巨大冲击在海洋经济领域表现得更为突出，由此导致海洋经济增长速度的明显下滑，世界海洋经济增长总体上进入低速增长阶段。世界贸易量增速的大幅放缓、贸易保护主义抬头，不仅将直接影响海产品加工业以及外向型临港/临海产业的发展，而且导致作为海洋经济重要基础产业之一的海洋运输业发展大幅度缩水，并引发造船、港口设备器材制造、港口工程建筑、运输代理、港口物流等产业的连锁反应。国际资本流动大幅度回落将给海洋产业融资带来很大困难，从而使大量企业尤其是外资依赖型企业步入资金不足的困境。旅游消费信心不足，出游愿望低，对旅游业造成了冲击，国际旅游业发展步伐明显放缓。

2. 海洋经济发展模式转变的步伐将明显加快

金融危机对发达市场经济国家过度依赖“虚拟经济”的发展模式和新兴发展中国家出口导向型发展模式带来挑战，促使各国以产业结构调整为重点实施经济发展模式的转变。受此影响，海洋经济将由以往资源和劳动密集型产业为主导向高技术产业和服务业为主导的发展方向转变，海洋高技术产业的发展水平和海洋现代服务业的发展以及综合保障服务能力的提高将成为国际海洋经济竞争的重点。与此同时，以美国为首的西方国家出于保护自身实体经济发展、提升本国经济科技竞争优势的需要，不断以关税和非关税壁垒强化贸易保护、挑起贸易争端，给全球自由贸易规则带来新的挑战，使“一头在外”“两头在外”型海洋产业发展空间受到挤压，海洋经济发展方式转型的外部动力趋弱，市场环境更加复杂。

3. 海洋装备制造业发展成为国际海洋产业竞争的重点

认识和开发利用海洋技术手段的梯度性差距仍是主导国际海洋经济发展格局的决定性因素，而自主创新能力的提高作为增强经济发展核心竞争力、抵御外来风险的关键环节受到世界各国的普遍重视。海洋装备制造业发展作为海洋科技创新和科技产业化重要载体在海洋经济发展和国际竞争中的地位进一步提高，发达国家的技术垄断和技术保护加强，加快海洋科技创新和产业化发展步伐，推动海洋调查、探（观）测和资源开发等重大海洋技术装备的国产化将成为广大发展中国家的艰巨任务。

4. 海洋能源和海洋新材料产业群成为海洋经济模式转变战略支撑点

能源供应是对国际经济形势变动最为敏感的产业之一，国际原油价格是世界经济发展的“晴雨表”。2008 年国际金融危机所引起的国际原油价格的剧烈波动已经对世界各国发出了严重警示，保障能源供应安全已经成为各国必须尽快解决的重大战略问题。在这种形势下，海洋能源的勘探与开发将进一步升温，最大限度地占有海洋油气资源、增加能源战略储备仍将是世界海上竞争的主要焦点之一。与此同时，低碳经济已经成为世界经济发展的必然趋势，海洋清洁能源生产规模的持续扩大将对减少温室气体排放、推动沿海地区经济发展结构的转型发挥重要作用。此外，海洋生物物质提取、海洋防腐防污材料和涂料以及海洋工程、海洋石油化工等新材料产业作为国际海洋经济发展的前沿领域也备受关注，发展进程将大大加快。

（二）国内形势

随着高质量发展和双循环新发展格局的构建，国内消费升级、产业转型升级等新趋势将更加明显，经济发展的战略性重构步伐将加快，创新引领作用将不断加强，我国海洋经济也将呈现出新的趋势性特征。

1. 海洋经济步入高质量发展阶段

我国社会主要矛盾已经转化为人民日益增长的美好生活需要和不平衡不充分的发展之间的矛盾，经济发展已由要素驱动的高速发展转入创新驱动的高质量发展阶段，新发展理念的深入贯彻落实将推动经济发展加快质量变革、效率变革、动力变革，对包括海洋经济在内的国家经济发展产生深刻影响。在高质量发展要求下，海洋经济增长的速度可能会有所放缓，海洋经济发展方式将由原来的资源高消耗、要素高投入、生态环境高压力的粗放发展方式向创新引领下的新发展方式转型，海洋科技创新步伐将加快，海洋资源开发和产业布局将进一步调整，海洋经济绿色发展水平将不断提升，国际海洋开发合作范围和深度将不断拓展，海洋经济高质量发展的制度保障体系将不断完善。

2. 海洋传统产业的基础性地位有望得到强化

全面开放形势下，我国国际依赖性的增强、对外贸易的频繁、金融风险的增大和经济竞争的加剧，促使经济安全成为国家必须关注的重大战略问题。我国经济发展具有对外部资源和市场高度依赖的特点，未来很长一个时期内，我国大宗物资和战略性资源大量依赖进口、经济发展外贸依存度高的情势不会有太大改变。在作为我国经济发展主战场的沿海地区，资源环境问题十分突出，不断恶化的海洋生态环境和频繁的海洋自然灾害也对经济社会的可持续发展产生严重威胁。资源、产业和区域性环境问题相互交织，使我国国家经济安全正面临巨大的压力。在国际发展形势日趋复杂、我国经济发展外部环境趋紧的大背景下，提升国家安全的基础保障能力已经成为刻不容缓的艰巨任务。国家“十四五”规划已经将国家安全提升到了和发展同等重要的地位，提出“统筹发展和安全”“坚持总体国家安全观”“防范和化解影响我国现代化进程的各种风险”，并围绕“安全”做出了系统部署。就经济安全而言，海洋客观上拥有的资源和通道保障功能决定了海洋产业发展理应在国家经济安全中肩负起重要使命，而作为海洋资源和通道保障功能实现重要途径的海洋渔业、海洋油气业、海洋交通运输产业发展将受到更多的重视，在海洋经济发展和国家经济安全中的基础性地位将进一步得到强化。

3. 海洋新兴产业发展步伐将进一步加快

作为产业发展基本单元的企业是科技创新和产业化转化的主体，海洋科技创新步伐加快和科技水平的提高会优先在新兴产业发展中得到体现。经过近年来的发展，我国海洋战略性新兴产业发展已经具备了一定的基础，而且呈现出不断加快发展的势头，未来随着国际范围内新技术革命的不断深化，特别是数字技术的广泛应用，海洋新兴产业发展将面临更加广阔的发展前景。可以预见，海洋新兴产业发展未来不仅将成为推动我国海洋经济发展方式转型的主导力量，而且将是我国参与国际海洋开发竞争的重点领域。

4. 内需对海洋经济发展的驱动作用将不断加强

“双循环”新发展格局的构建是我国在新形势下发展战略导向和发展路径的重大转变，将引发我国海洋经济发展整体格局和产业发展路径的重大调整。在我国目前的海洋经济发展中，海产品对外贸易仍然占据着比较重要的地位，而且呈现出快速增长的势头。2018 年，涉海产品进出口贸易总额比上年增长 14.9%，较“十三五”期初增长了 35.0%，年均增速 16.2%。其中，出口比上年增长 10.8%，较“十三五”期初增长了 27.1%，年均增速 12.8%；进口比上年增长 35.1%，较“十三五”期初增长了80.0%，年均增速34.2%①。未来按照构建“双循环”新发展格局的要求，如何挖掘内需市场潜力、保障国内产业链和供应链安全，将成为海洋经济发展必须破解的重大战略命题。

四、海陆产业一体化发展路径设计

陆海统筹发展的关键在于解决陆海经济如何对接、如何实现互动发展的问题。从产业关联和产业链整合的角度来说，必须坚持陆域产业发展的支撑作用和海洋产业发展的引领作用相结合，通过确定合理的海洋主导产业和产业链的延伸，带动陆域特别是沿海地区产业发展和产业结构升级。同时，要发挥临港产业集海陆属性于一身和技术经济水平高的优势，推动临港产业健康有序发展，强化内陆和沿海地区之间的产业分工与合作，加快产业转移步伐，实现区域之间、海陆之间的产业良性互动发展。

（一）实施海洋产业结构的战略性调整

要遵循海陆一体化发展的基本思路，以市场为导向，以科技为动力，以工业化为主体，推动海洋产业结构的战略性调整，提高海洋产业现代化水平，推动海洋产业集群的形成，构建国家海洋开发竞争优势。加快海洋渔业、海洋运输、海盐、滨海旅游、海洋油气、船舶制造等传统优势产业改造升级步伐，改变原有粗放发展方式，实现产业技术升级和产品更新换代、优化产业内部结构，提高产业发展的经济效益，最大限度地减轻对资源和环境的破坏。

在此基础上，突出海洋新兴高科技产业发展的优先地位，将其作为推动海洋产业战略升级乃至沿海地区产业结构调整的主导产业来培育。从产业技术进步、产业关联、产业贡献的角度来看，海洋生物医药、海洋化工、海水综合利用、海洋工程装备制造、海洋新能源、海

---

① 徐丛春，胡洁．“十三五”时期海洋经济发展情况、问题与建议［J］．海洋经济，2020（5）：57-64。

洋监测服务等产业具有产业链条长、关联度高、辐射力强、带动效应大的特点，应作为未来海洋经济乃至沿海地区发展的战略产业来加以对待。为此，在产业技术政策上，要建立完善的技术扩散、渗透机制，保证先进技术的优先选项和推广，以利益调节为动力机制，创造产、学、研、管有机结合的发展环境，在技术开发、推广应用、产业化运作三个环节上合理配置资源，促成各类产业要素的集成，加快集成创新步伐。

（二）以临港/临海产业为抓手加快沿海地区产业结构升级步伐

发挥沿海地区带动陆域和海洋产业发展的核心作用，以满足沿海乃至国家产业结构调整战略需求和支撑海洋大开发为主要方向，大力培育东部沿海地区技术创新能力，加快建设世界级先进制造业基地和高端服务业基地，加快发展战略性新兴产业，提高沿海地区的国际竞争力。要坚持“走出去”和“引进来”相结合，加快整合全球资源，利用国外资源条件建立新型资源供给保障体系，积极打造国际品牌，强化产业链的高端延伸，调整沿海地区产业发展的国际路径①。利用港口功能集聚发展临港/临海产业，实现工业、物流业、商贸业的协调发展，由此拉动周边地区经济的全面发展，仍应作为沿海地区产业发展和经济结构调整的重要方式。

突出临港工业的发展，充分利用现代高新技术，加快推进装备制造、钢铁、石化、汽车等传统支柱产业升级，大力发展现代生物制药、新材料、新能源等产业。规范和整顿临港工业发展秩序，针对当前我国钢铁、水泥、电解铝、造船等高消耗、高排放行业国际市场持续低迷、国内需求增速趋缓、产业供过于求矛盾日益凸显、产能普遍过剩的形势，要坚决控制增量、优化存量，结合产业发展实际和环境承载力，通过提高能源消耗和污染物排放标准、严格执行特别排放限

---

① 王阳红等．“十二五”时期促进我国区域协调发展思路研究［R］，2009。

制要求、实施差别电价、惩罚性电价和水价差别价格政策，加大执法处罚力度，加快淘汰一批落后产能，引导产能有序退出；协调解决企业跨地区兼并重组重大问题，理顺地区间分配关系，促进行业内优势企业跨地区整合过剩产能；引导国有资本从产能严重过剩行业向战略性新兴产业和公共事业领域转移①。围绕临港工业和港口发展的要求，大力推动船舶和货运代理、金融资本市场服务、物流、商贸、信息咨询等现代服务业的发展，以良好的服务支持港口和临港经济发展。

（三）强化内陆与沿海地区的产业合作

立足中西部产业基础和资源环境条件，加快特色优势产业发展，增强自我发展能力。加强东中西部地区之间的经济与技术合作，重点完善产业转移、资源开发利用和人力资源开发与交流等领域的合作。充分发挥东部地区资金充裕、技术成熟等优势，积极开展资源开发方面的合作，促进中西部资源优势转化为经济优势，完善中西部地区能矿资源开发的资源补偿机制，稳定东部地区资源供给。积极构建有效平台，加快东部产业向中西部转移步伐，引导东部沿海地区能源、冶金、化工、纺织、农副产品加工等劳动资源资本密集型产业向中西部地区转移。以合作共建开发区或工业园区的方式，积极引进大企业对中西部地区园区进行整合，形成多种形式办园区、多种方式分利益的有效机制，完善园区各项基础设施建设，提高园区对项目的吸纳和承载能力。积极探索“集群式”转移方式，引导东部地区传统优势产业集群整体迁移到中西部产业园区，推动中西部工业化和城镇化加快发展。充分发挥中西部自身优势，尊重产业转移规律，防止不顾自身条件的盲目引资和高污染、损环境的产业从沿海地区向中西部地区转移。②

---

① 国务院关于化解产能严重过剩矛盾的指导意见．国发〔2013〕41号。

② 王阳红等．“十二五”时期促进我国区域协调发展思路研究［R］，2009。

五、海洋产业发展空间拓展的方向与重点

针对当前海洋经济发展中存在的突出问题，结合国内外海洋产业发展趋势和国家推动海洋经济高质量发展的战略导向性要求，未来要以高质量发展为主题，以海洋产业结构调整为主线，以科技创新为根本动力，围绕现代海洋产业体系的构建，着力加快传统优势产业转型升级，加大海洋新兴产业的培育力度，推动海洋现代服务业协同配套发展，推动海洋经济发展方式由速度规模型向质量效益型转变，不断提升海洋经济发展的国际竞争力及对国家发展与安全的支撑作用。

（一）推动海洋传统优势产业转型升级

从巩固海洋经济发展成果、稳定海洋经济增长基础、保障就业和维护沿海地区社会稳定的角度来看，在未来一段时间，海洋渔业、海洋运输、滨海旅游、海洋油气、海洋船舶工业等传统产业仍将作为我国海洋经济发展的重要支柱，在海洋经济发展中发挥重要作用。如何改变原有的粗放发展方式，实现产业技术升级和产品更新换代、优化产业内部结构，提高产业发展的经济效益，最大限度地减轻对资源和环境的破坏，将是传统优势产业发展面临的艰巨任务。

1. 加快海洋农牧化发展，壮大“蓝色粮仓”

有序发展近海捕捞，重点推动海水养殖业科学发展，积极拓展远洋渔业发展空间，不断促进海洋渔业提质增效和现代化发展，保障国家水产品安全高质量供应，支撑国家粮食安全的战略全局。控制近海捕捞强度，严格执行伏季休渔制度和海洋捕捞“零增长”制度，加强近海渔业资源养护、恢复与有序利用，进一步降低海洋捕捞业在海洋渔业中的比重。加快海水养殖业发展，科学开展增殖放流，加快海水养殖技术和发展模式创新，推行立体式海洋牧场养殖，加大多功能平台、养殖工船、超大型智能网箱等机械化、专业化基础设施的推广及应用力度，鼓励社会资本参与深远海生态牧场建设，培育一批海洋生

态牧场综合体，推动传统养殖业向深水、绿色、智能方向发展，促进海洋牧场从浅海向深海、从单一向多元、从传统向现代转型。高度重视海洋水产品种质提升和安全维护，高标准推进现代水产种业发展，培育壮大一批育、繁、推一体化良种繁育龙头企业，合作共建良种培育研发创新平台，推进国家水产原良种场建设，建立健全良种繁育与推广服务体系。强化水产品质量源头保障，推行标准化生产，严格水产品质量标准管控，推动品种培优、品质提升、品牌打造和标准化生产，建立健全进口水产品追溯体系。加强远洋渔业队伍和生产管理服务体系建设，支持应用新技术新设备开展远洋渔场和鱼种探捕项目，开发金枪鱼、鱿鱼、鳕鱼、南极磷虾等远洋渔业资源。加强海洋水产品综合高值化利用，完善海珍品精深加工、特色海洋食材开发、海洋休闲食品制造等海洋食品加工链，积极培育和开拓海洋食品消费市场，扶持一批水产品精深加工龙头企业，进一步延伸水产品加工产业链，最大限度地实现加工增值。重视渔港经济区建设，统筹推动生态养殖、休闲渔业、渔具制造等产业发展，促进产业融合发展。

2. 放大海洋运输业综合服务效能

发挥目前我国海洋运输港口专业化、大型化、深水化和海运市场需求大的基础优势，重点围绕海运基础能力提升、运营服务模式创新和市场空间拓展，进一步挖掘海洋运输业发展潜力。依托五大港口群发展格局，整合优化港口功能，完善区域港口体系，加强港口设施和集疏运体系建设，重点建设液化天然气（LNG）、集装箱、客运等大型化、专业化泊位和防波堤等港口公用基础设施，优先发展骨干港集疏运通道，突出“港口+铁路”集疏运枢纽建设，优化大型专业化集装箱、客货滚装、邮轮游艇等码头建设布局，推进海运与其他运输方式互联互通、高效衔接，形成依托港口衔接陆海的多式联运交通运输体系。突出骨干枢纽港的核心带动作用，加强港口仓储物流、航运服务、信息服务、商贸服务、金融服务等配套产业发展，着力拓展港口服务功能，促进主要港口由运输枢纽向综合贸易枢纽转变。坚持客货运并举、近海与远洋并举、综合运输与专业运输并举，重视现代化国际化海运船队建设，全面提升沿海港口专业化发展水平及服务能力，持续优化近远洋航线与运力结构，加大航班密度，拓展陆向腹地，以“一带一路”沿线港口城市为重点积极开辟国际远洋运输、海洋旅游运输和集装箱航线，积极拓展海洋运输市场。

3. 提升滨海旅游业发展层次

我国海岸线漫长，滨海景观资源总量丰富、类型多样，发展滨海旅游的潜力巨大。针对当前滨海旅游发展中存在的旅游资源开发层次低、旅游产品类型相对单一、旅游营销手段薄弱、不合理旅游开发造成资源环境破坏等突出问题，未来要以提升滨海旅游服务综合品质为导向，以增强旅游资源开发深度、提高旅游产品档次、提升旅游体验和消费层次为重点，不断丰富旅游服务业态，培育新型产业，提供集观光、度假为一体的综合性旅游产品，满足国内外游客日益多样化的旅游需求，提高海洋旅游服务业的竞争力和经济效益。突出旅游业发展的休闲度假主题，并把生态休闲作为其中的重要元素，结合生态渔业、体育健身、健康疗养、影视、游艇业等产业的发展，包装打造高端生态休闲旅游产品。重视海洋文化内涵的挖掘与包装，实现旅游同文化、历史、民俗、教育等领域的广泛结合，不断提升旅游产品文化体验和历史文化展示教育功能。要大力开展旅游宣传和对外促销活动，多渠道多手段推介旅游产品，打造一批滨海旅游品牌，扩大滨海旅游市场知名度和影响力。强化旅游开发管理，以科学规划为基础合理确定滨海旅游区保护范围，实施严格的旅游开发环境质量标准，杜绝滥造滨海人工景观、风电及其他产业项目设施建设破坏滨海自然景观、产业园区和港口不合理布局侵占滨海旅游空间等开发活动，采用法律手段避免、减少或控制不利于环境的旅游项目或与旅游有关的其他经济活动，提高旅游业可持续发展水平。

4. 加快海洋油气产业发展步伐

随着世界经济的发展，在能源需求不断增加、陆地上油气资源日渐枯竭等背景因素作用下，未来全球海洋油气勘探开发将继续以较快的速度增长，海洋油气特别是深海油气将是未来世界油气资源开发的重点，也应该是我国保障油气资源供应和产业发展的重要方向。针对我国目前海洋油气产业发展总体规模小、但在国家油气资源增量中的地位重要、发展潜力大的实际，未来要重点从加大海洋油气资源勘探开发力度、延伸海洋油气资源开发空间范围、拓展国际海洋油气资源开发合作空间的角度，加快海洋油气资源开发进程，不断扩大海洋油气产业的产出规模和经济效益。要坚持“储近用远”的基本原则，扩大近海油气资源勘探储备，积极开发深远海和海外油气资源①，特别要突出重视专属经济区和大陆架油气资源的勘探开发。针对海洋油气资源开发技术难度大、成本高、风险大的特点，要将油气资源勘探开发技术能力的提升置于核心位置，依托油气勘探与开采关键核心技术的自主创新推动重大技术装备的国产化，支撑海洋油气产业加快发展。推动产业主体的多元化，放宽民营社会资本参与我国管辖海域油气资源开发限制，加强与国际石油巨头、跨国公司的合作，引进国外资金、先进技术和管理经验，参与我国油气资源开发，弥补我国油气产业发展资金和技术的不足。

5. 增强海洋船舶工业竞争力

我国虽已成为世界造船大国，但船舶工业结构不合理，产业经济效益低下，现有生产能力主要集中在渔船、散货船以及集装箱船三大传统主力船型，海洋工程船、汽船、油船、游艇等高附加值船舶占比较低，设计和生产能力与日本、韩国及欧美发达国家有着明显的差距。未来要以产业结构调整为主线，以船舶设计和生产技术创新为重点，接轨国际造船标准，提高船舶设计制造智能化、绿色化、集成化水平，重点发展海上工程船、海洋科考船、现代渔船、高档客滚船、游艇、海上休闲垂钓船等高技术高附加值船舶，支持多低温层级储藏

① 徐丛春，胡洁．“十三五”时期海洋经济发展情况、问题与建议［J］．海洋经济，2020，10（05）：57-64。

加工船、运输船、饲料生产船等船型设计制造，积极推进船用配套设备制造，提高船舶总装和维修服务能力，引导企业向方案解决商、技术服务商转型，不断提高船舶工业的综合竞争力和经济效益。

（二）加快海洋战略性新兴产业发展

重点突破核心技术，探索具有自主知识产权的技术体系和现代商业模式，加快推动海洋工程装备制造业、海洋生物医药、海水淡化和综合利用、海洋可再生能源和海洋新材料等海洋新兴产业技术成果产业化，显著提高海洋经济的科技贡献率，逐步形成具有世界先进水平的技术创新体系和有重要影响力的海洋新兴产业发展集群，抢占海洋技术和产业发展制高点，带动海洋产业结构优化和海洋经济的高质量发展。

1. 突出海洋工程装备制造业发展

海洋工程装备制造业是为海洋资源开发提供基础支撑的产业。国际上通常将海洋工程技术装备分为海洋油气资源开发装备和渔业、矿产、海洋新能源等其他海洋资源开发装备以及海洋浮体结构三大类，其中海洋油气资源开发装备是海洋工程装备的主体，包括各类钻井平台、生产平台、浮式生产储油船、卸油船、起重船、铺管船、海底挖沟埋管船、潜水作业船等。由于海洋工程装备的技术集成度高、产业关联度高，涉及海洋渔业、海洋油气业、海洋矿业、海洋电力等多个海洋产业的发展，对海洋资源开发利用广度、深度及开发利用方式具有重要影响，是一个国家海洋开发能力和水平的重要标志，在现代海洋产业体系构建中具有举足轻重的地位，因此，应该把海洋工程装备制造业作为未来我国海洋战略性新兴产业发展的首要方向。近年来，我国海洋工程装备制造业发展迅速，特别是海洋油气资源勘探开发海上钻井平台、深水潜器制造尤为亮眼，已经步入全球海洋油气资源开发装备的主要生产国的行列。目前，我国海洋工程装备制造面临的主要障碍仍然是技术瓶颈，关键核心技术长期依赖国外、设备国产化率低、部分技术的产业化程度低，是产业发展面临的主要问题。未来要将技术创新作为第一要务，通过关键核心技术攻关和通用技术的集成创新，提高海洋工程装备配套设备的国产化率，实现海洋重大工程装备制造的自主可控。在此基础上，要结合海洋传统优势产业升级和其他战略性新兴产业发展需要，继续提升深海油气勘探、水下采油系统、海上油田设施一体化拆解等海洋工程平台建造能力，加快海洋牧场智能管控平台、大型自走式海上养殖平台、海上电力生产平台、深海矿产采掘与加工平台等重要工程装备的研发设计和生产步伐。同时，适应海上城市建设和海洋旅游高端化发展的趋势性要求，积极探索大型海上浮体结构的研发与制造，不断拓展海洋工程装备制造业的发展空间。

2. 加快海洋电子信息产业突破性发展

如果说海洋工程装备制造业主要是为海洋开发提供“硬件”支撑，那么海洋电子信息产业则是为认知感知、监测探测海洋和提高海洋开发的智能化水平提供“软件”技术支撑，具有很高的前向、后向产业关联效应，也是代表现代海洋开发水平的重要产业方向。未来要紧跟全球信息技术、数字技术加快发展及其在海洋领域广泛应用的大趋势，以海洋资源探测和环境观测监测、检验检测通用设备技术和产业发展适用技术为主导方向，不断加大技术创新和产业化推进力度，助力海洋电子信息产业加快发展。完善海洋信息基础设施布局，统筹推进人工智能、工业互联网、物联网、区块链等新型基础设施向海洋领域延伸拓展。实施数字海洋工程，规划建设海洋大数据及综合服务平台，完善海洋信息基础数据，支持开展海洋信息感知、数据处理、场景应用等应用示范。围绕海洋资源探测和环境观测监测、检验检测通用技术发展，加快监测探测设备、无人船艇、水下机器人等研发、孵化和转化，发展海洋监测观测勘测仪器、传感器、水下航行器、海洋机器人、遥感模块、天（空、海、潜）基对海探测和通信装备等海洋智能装备，形成“遥感及通信设备规模化生产—无人系统设计制造—海空天一体化智能海洋资源环境观测网络”产业链。结合渔业、船舶制造等传统产业转型升级，加快推动研制海洋牧场示范区环境监测和基于大数据平台的实时监测与预报预警、水产品自动化收获、智能化深远海养殖、通信导航及自动控制等系统装置，有序推进海洋制造“机器换人”，提高海洋制造自动化智能化水平。

3. 加强海洋生物医药和生物制品产业创新发展

海洋生物医药和生物制品业是近年来发展势头较好、发展前景比较广阔的产业。我国海域广阔，海洋生物资源丰富，具有发展海洋生物资源综合利用产业的良好基础。近年来，我国海洋生物医药和生物制品产业发展迅速，目前已累计有 1 000 多种海洋药物上市并进入临床应用，对治疗高血压、糖尿病、心脑血管病、老年痴呆症等疾病发挥了重要作用。未来要面向健康、医疗和海洋生物新材料等领域的重大需求，进一步提升海洋生物资源综合利用效率，加快海产品加工业向海洋生物医药及制品拓展升级，拉长海洋生物资源利用产业链。要积极推进海洋生物制品开发，加快培育一批具有自主知识产权的骨干企业，引导企业提高产品精深加工能力，实施海洋生物蛋白肽肥料、海藻肥、海珍品发酵饲料的开发及产业化，促进治疗糖尿病、癌症、血液病等疾病的海洋药物研制开发，强化海藻功能性成分提取精制和海产品蛋白质高效利用，推进海洋生物饲料添加剂、海洋农药及生物肥料等制造，拓展海洋生物制造产品种类，提高附加值。积极推进“蓝色药库”开发计划，加快海洋生物药源活性物质高纯度规模化制备研发，加快新型海洋生物医药产业化步伐。

4. 促进海水利用、海洋新能源产业做大做强

针对沿海地区水资源过度开发、供需压力日趋加大的实际，要进一步扩大海水直接利用和海水淡化的规模，缓解水资源危机。加快实施“蓝水工程”，深入开展海水淡化及综合利用研究，加大海水淡化专用膜及关键装备和成套设备自主研发力度，提高海水淡化膜、淡化泵、淡化设备、浓盐水提炼加工设备、海水淡化污水处理设备等的制

造能力。以实现沿海工业园区和有居民海岛淡水稳定供应为重点，将海水淡化水纳入沿海地区水资源统一配置体系，稳步探索市政用水海水补充机制。加快海水在工业冷却中的直接利用，大力发展海水淡化浓盐水高值化利用，形成海水冷却、海水淡化和浓海水综合利用创新模式，推动海水淡化与相关产业融合发展。支持建设海水淡化与综合利用基地，在全国沿海地区打造多个海水淡化与综合利用示范区。

发挥海洋可再生能源开发利用在解决边远、电网无法覆盖地区的生产、生活用能方面需求所具有的特殊优势，加大可再生能源建设工程的扶持力度，支持开展海岛风能、太阳能、海洋能等可再生能源开发利用技术及多能互补技术研究①，有序推进海上风电、太阳能光热发电、海洋生物质能开发，规划建设可再生能源独立电力系统示范基地和海上能源岛，构建集研发、设计、制造、运营等为一体的海洋清洁能源产业体系，逐步提高海洋可再生能源在我国能源消费中所占比例。合理布局风电场，规范风电项目建设，适度调减重点景观岸段沿岸和近岸风电规模，健全海上风电产业技术标准体系和用海标准，推进海域离岸海上风电与海洋牧场融合发展试验。加强潮汐能、波浪能、海流能等海洋能发电技术研究，规划建设示范项目。积极推进海洋可再生能源勘探试验检测装备、海洋能捕获装备、波浪能和温差能发电装置、风机等装备及配套零部件制造，培育海洋能源开发配套产业。

5. 拓展海洋新材料、海洋碳汇等新经济发展空间

加快推进用于海洋开发的碳纤维、防腐防污、无机功能、高分子等材料，超前布局研发海洋矿物新材料、海洋功能材料等研发及产业化，支持建设一批海洋新材料研发及产业化基地，积极打造海洋新材料产业集群。积极发展海洋碳汇产业，建设海洋碳汇生态系统，探索制定开展海洋碳汇相关技术规范、评价标准，推进海洋碳汇研发监测

① 徐丛春，胡洁．“十三五”时期海洋经济发展情况、问题与建议［J］．海洋经济，2020，10（05）：57-64。

基地、科普教育基地和国际合作基地建设，开展海洋碳汇交易试点。

（三）促进海洋现代服务业配套发展

提升现代海洋服务业质量效益，重点突出涉海生产性服务业发展，推动涉海金融保险服务业、海洋信息服务业、海洋科技服务业与海洋渔业、海产品加工、海洋高端装备制造等产业配套发展。

1. 重视海洋金融保险业发展

稳步扩大涉海企业知识产权、海域使用权、船舶、海上物资等抵质押融资规模，开展船舶融资、航运融资、海上保险、离岸金融、物流金融等金融服务，鼓励发展渔业商业保险，完善海洋金融服务体系。创新海洋特色金融发展，支持银行、信托、基金、保险、证券等金融部门设立专业化、特色化的海洋金融服务专营机构，鼓励开发各类涉海金融产品。支持发展海洋产业投资基金、创投基金、天使基金、成果转化基金等海洋投资基金，为海洋产业发展提供市场化资金支持，健全多层次资本市场，推动涉海企业上市进程。鼓励开展海域、船舶、涉海企业股权、知识产权、涉海金融资产权益等交易和服务。拓展海洋保险服务市场，扩大保险业对海洋经济的保障范围，鼓励保险机构开发渔业商业保险、养殖保险等险种，提升保险深度和广度。

2. 提升海洋信息和科技服务水平

加快发展海洋信息服务业，推动物联网在海洋交通运输及港口物流业的应用，强化物流与溯源、交易市场、电子商务、生产企业的信息共享，促进养殖、捕捞、加工、物流、销售等信息化、数字化。大力发展科技服务业，积极建设科技服务平台，构建与国内外海洋技术市场互联互通的技术转移网络，吸引一批专业化、市场化、规模化、国际化的科技服务机构和运营公司落地生根。

3. 加快海事海商服务业发展

大力促进海洋工程咨询、海事代理、海洋科技成果交易、电子商务等新兴海洋商务服务业发展，积极发展涉海节能环保、科技服务、人力资源、法律服务、知识产权等服务业。加快海洋会展和海产品国际交易中心建设，打造一批具有国内外影响力的海洋会展平台和会展品牌。

（四）促进海洋产业融合发展

统筹推动生态养殖、休闲渔业、渔具制造等产业发展，促进海洋渔业与海洋工业和海洋服务业融合。加快渔港经济区建设，推行“船队+基地+园区”发展模式，促进渔获回运、进出口渔获贸易集散、精深加工、渔船修造、冷链物流等全产业链发展，拓展水产品购物、休闲渔业、跨国旅游等功能，打造现代化渔业生产及综合服务基地。推进海洋制造业和海洋服务业融合发展，全面提高海洋制造配套服务业能力，围绕海洋服务能力提升方向，积极拓展海洋制造新空间。发挥龙头企业在产业组织中的带动作用，针对目前海洋产业规模普遍较小、生产能力分散、规模不经济的实际，根据现代企业制度调整区域产业的组织结构，积极培育和发展跨行业、跨区域的大型企业集团，走规模经济的产业发展之路，打造海洋产业发展的区域品牌，提高产业发展竞争力。按照突出重点、以点带面的思路，重视发挥已有龙头企业的带动作用，走集团化发展的路子，实现生产要素的合理流动和市场资源的优化配置，提高龙头企业科技创新能力、市场竞争能力。

（五）实施海洋/临海产业空间整合与区域布局优化

要抓住沿海地区以城市群崛起为主要特征的区域空间结构重组和各省市沿海开发战略规划加快实施带来的机遇，从海陆统筹和一体化发展视角，以港口建设和港城互动型滨海区域经济中心建设为龙头，以海陆复合型临海产业园区发展和布局优化为重点，加快海洋产业和临海产业空间整合和区域布局的优化，促进形成特色突出、优势互补、分工合理的陆海型区域经济空间格局。正确处理港口建设和城市发展的关系，港口功能完善和城市特色支柱产业体系的培育相结合，提升城市经济实力、完善综合服务功能，通过港城良性互动协调发展，推动港城一体化滨海经济中心的发展与壮大，促进沿海地区城镇体系完善和特色经济区的形成。充分利用临海、临港的区位优势，发挥园区的载体作用，促进海洋产业和沿海内陆区域宜海、海洋依赖性产业空间集聚，实现海陆产业的协作配套和集群化发展。打破行政关卡和地方保护主义，保证所有的产品在区域内自由出入和自由竞争，促进海洋经济要素的合理流动和优化组合，着力推动跨区域海洋产业的空间重组。

主要参考文献

曹忠祥 . 2013. 当前我国海洋经济发展的战略重点［J］. 宏观经济管理，(06)：42-44.

曹忠祥，高国力 . 2015. 我国陆海统筹发展的战略内涵、思路与对策［J］. 中国软科学，(2)：1-12.

曹忠祥，宋建军，刘保奎 . 2014. 我国陆海统筹发展的重点战略任务［J］. 中国发展观察，(09)：42-45.

董杨 . 2016. 海洋经济对我国沿海地区经济发展的带动效应评价研究［J］. 宏观经济研究，(11)：161-166.

杜军，鄢波 . 2014. 基于“三轴图”分析法的我国海洋产业结构演进及优化分析［J］. 生态经济，30（01）：132-136.

范小云，张景松，王博 . 2015. 金融危机及其应对政策对我国宏观经济的影响——基于金融 CGE 模型的模拟分析［J］. 金融研究，(09)：50-65.

李晓璇，刘大海 . 2016. 海洋领域主要科技指标辨析［J］. 海洋开发与管理，33（09）：9-14.

刘勇，刘秀香，于国 . 2012. 浅谈打造山东半岛蓝色经济区的理论支撑与立足点［J］. 潍坊学院学报，12（01）：6-11.

罗炎杜 . 2020. 国际金融危机对我国经济的影响及对策分析［J］. 中国市场，(09)：45-46.

潘继平，张大伟，岳来群，等 . 2006. 全球海洋油气勘探开发状况与发展趋势［J］. 中国矿业，(11)：1-4.

孙久文，高宇杰 . 2021. 中国海洋经济发展研究［J］. 区域经济评论，(1)：38-47.

王芳 . 2020. 新时期海洋强国建设形势与任务研究［J］. 中国海洋大学学报（社会科学版），(05)：11-19.

王宏杰，夏凡，潘琪，等 . 2020. 金融支持海洋经济发展：粤沪等 6 省市的主要实践及其对琼启示［J］. 中共南京市委党校学报，(01)：66-71.

王晓惠，李宜良，周洪军 . 2009. 金融危机对我国海洋经济的影响分析［C］//. 2009 中国海洋论坛论文集 . 青岛：中国海洋大学出版社：332-338.

王跃伟 . 2010. 我国滨海旅游业的发展现状及对策分析［J］. 海洋信息，(03)：9-13.

徐丛春，胡洁 . 2020. "十三五"时期海洋经济发展情况、问题与建议［J］. 海洋经济，(5)：57-64.

翟仁祥，石哲羽 . 2021. 陆海统筹视角下江苏加快海洋经济强省建设的对策研究［J］. 江苏海洋大学学报（人文社会科学版），19（05）：12-20.

张凤成 . 2007. 中国海洋油气产业发展战略研究［J］. 海洋开发与管理，(02)：99-102.

自然资源部，中国工商银行 . 2018 . 关于促进海洋经济高质量发展的实施意见［N］. http：//www. mnr. gov. cn/gk/tzgg/201808/t20180829 _ 2187055. htm ［2018 - 08 - 29］.

第五章　陆海一体的生态环境保护

我国陆地国土单面靠海、近海海域半封闭的自然地理格局决定了海洋生态环境容易受到陆地经济社会活动的影响，海洋生态环境保护历来是我国可持续发展关注的重大问题。经过多年的保护与治理，我国海洋生态环境的总体状况已经有了很大改观，但是面临的问题和形势依然严峻，而且呈现出环境、生态、灾害和资源四大生态环境问题共存并相互交织的特征，治理的复杂性和难度明显加大。从陆海资源环境问题的密切关联性出发，必须坚持以生态系统为基础、陆海统筹原则，加强陆海环境一体化治理，从根本上遏制海洋生态环境不断恶化的趋势。

一、我国海洋生态环境现状

近年来，我国海洋生态环境状况总体呈现出稳中向好态势，除了近岸海域劣四类水质面积逐步减少之外，监测的入海河流劣Ⅴ类水质断面也呈下降趋势，典型海洋生态系统健康状况和海洋保护区保护对象基本保持稳定，海洋倾倒区、海洋油气区环境质量基本符合海洋功能区环境保护要求，海洋渔业水域环境质量总体良好，赤潮发生次数和累计面积亦呈总体下降趋势①。但是，海洋生态环境仍存在局部近岸海域水质为劣四类、典型海洋生态系统健康状况不容乐观、环境风险事故防范压力较大等问题，未来保护治理仍面临巨大的压力。

（一）海洋环境质量总体稳中向好，但局部海域污染仍然严重

“十三五”以来，我国海洋环境状况整体保持稳定，海水环境质

① 张灿，曹可，赵建华．海洋生态环境保护工作面临的机遇和挑战［J］．环境保护，2020（7）：9-13。

量总体有所改善。从管辖海域整体水质来看，2020 年，我国符合第一类海水水质标准的海域面积占管辖海域的 96.8%，同比基本持平；劣四类水质海域面积为 30 070 平方千米，同比增加 1 730 平方千米，主要超标指标为无机氮和活性磷酸盐；与 2015 年相比，我国管辖海域一类水质海域面积占比上升了 2.0 个百分点，劣四类水质海域面积减少了9 950平方千米。从近岸海域水质看，2020 年优良（一、二类）水质面积比例为 77.4%，同比上升 0.8 个百分点；劣四类水质比例平均为 9.4%，同比下降 2.3 个百分点；与 2015 年相比，优良水质比例上升 9.0 个百分点，劣四类水质比例下降 3.6 个百分点，“十三五”期间优良水质比例平均值为 73.8%，总体呈改善趋势。从海水富营养化情况看，2020 年，夏季呈富营养化状态的海域面积共 45 330 平方千米，同比增加 2 620 平方千米，其中轻度、中度和重度富营养化海域面积分别为 20 770 平方千米、9 450 平方千米和 15 110 平方千米；与 2015 年相比，呈富营养化状态的海域面积减少 32 420 平方千米，其中重度富营养化海域面积减少 5 080 平方千米，“十三五”期间管辖海域富营养化面积总体呈减少趋势。从区域海水质量看，与上年相比，2020 年辽宁、河北、天津、山东、浙江、福建、广东、广西优良水质比例有所上升，劣四类水质比例有所减少，海南优良水质比例和劣四类水质比例与上年基本持平，上海和江苏优良水质比例较上年有所下降，劣四类水质比例有所上升；面积大于 100 平方千米的 44 个海湾中，8 个海湾春、夏、秋三期监测均出现劣四类水质，同比减少 5 个。①

同时，海洋保护区、海水浴场、滨海旅游度假区环境总体良好，海水增养殖区环境基本满足养殖活动要求，海洋倾倒区和油气区环境总体稳定，未因倾倒活动或油气开发活动产生明显环境影响；入海排污口主要超标排放物质超标率近年呈下降趋势。

---

① 中华人民共和国生态环境部 . 2020 年中国海洋生态环境状况公报 . 2021 年 5 月。

但是，局部海域的污染仍然比较严重。特别是在辽东湾、黄河口、长江口、杭州湾、珠江口等河口海湾和江苏沿岸、浙江沿岸等近岸海域，无机氮和活性磷酸盐严重超标，劣四类水质海域占较大比重，一些重要海湾仍面临严重的海水富营养化问题。

专栏 5-1　各海区水质

渤海：未达到第一类海水水质标准的海域面积为 13 490 平方千米，同比增加 750 平方千米；劣四类水质海域面积为 1 000 平方千米，同比减少 10 平方千米，主要分布在辽东湾和黄河口近岸海域。

黄海：未达到第一类海水水质标准的海域面积为 25 360 平方千米，同比增加 13 810 平方千米；劣四类水质海域面积为 5 080 平方千米，同比增加 4 320 平方千米，主要分布在江苏沿岸海域。

东海：未达到第一类海水水质标准的海域面积为 48 000 平方千米，同比减少 4 610 平方千米；劣四类水质海域面积为 21 480 平方千米，同比减少 760 平方千米，主要分布在长江口、杭州湾、浙江沿岸等近岸海域。

南海：未达到第一类海水水质标准的海域面积为 8 080 平方千米，同比减少 4 690 平方千米；劣四类水质海域面积为 2 510 平方千米，同比减少 1 820 平方千米，主要分布在珠江口等近岸海域。

（二）部分典型海洋生态系统有所改善，但整体状况仍面临严峻形势

2020 年检测结果显示，在包括河口、海湾、滩涂湿地、珊瑚礁、红树林和海草床等类型的 24 个近岸典型海洋生态系统中，7 个呈健康状态，16 个呈亚健康状态，1 个呈不健康状态，海洋生态系统处于亚健康和不健康状态的占 75%，比 2012 年降低了 5 个百分点。“十三

五”期间，监测的河口和海湾生态系统多数处于亚健康状态，优良（一、二类）水质点位比例呈上升趋势，氮磷比失衡问题有所缓解；沉积物质量总体良好；生物栖息地面积减少趋势得到有效遏制，双台子河口、滦河口—北戴河大型底栖生物密度和生物量过低；多数河口和海湾浮游植物、浮游动物多样性指数有所升高，硅甲藻比例升高；但饵料生物桡足类占比有所下降，鱼卵仔鱼密度总体处于较低水平。红树林生态系统处于健康状态，监测红树林面积增加、群落结构稳定，北仑河口红树林平均密度和广西北海红树林大型底栖动物密度均显著增加。珊瑚礁和海草床生态系统处于健康或亚健康波动状态，近5年来，西沙珊瑚礁健康状况持续好转，活珊瑚种类数和盖度逐年增加，海南东海岸海草平均密度持续下降。滩涂湿地生态系统处于亚健康状态，植被面积基本稳定，苏北浅滩滩涂湿地浮游植物密度低于正常范围，大型底栖生物密度和生物量低于正常范围。

（三）海洋灾害发生的海域面积和频次均有所下降，但保护压力依然较大

海水富营养化引发的赤潮、绿潮仍然是我国海洋生态环境灾害的主要方面。从发展趋势来看，我国赤潮、绿潮等传统灾害尚未得到有效控制，黄海浒苔暴发成为常态，褐潮、金潮和水母旺发等新型生态灾害不断出现，海洋灾害呈现类型增加、持续时间延长、影响区域扩大的态势。20世纪50—90年代，我国赤潮发生次数急剧增加，每10年增长2~3倍。进入21世纪，海洋赤潮发生次数越发增多，21世纪前10年的赤潮发生频次和规模是20世纪后50年的2倍多①。2020年，我国海域共发现赤潮31次，累计面积1 748平方千米。其中，有毒赤潮2次，分别发现于天津近岸海域和广东深圳湾海域，累计面积81平方千米。“十三五”期间，我国海域年度赤潮发生次数和累计面

---

① 姚瑞华，张晓丽，刘静，等．陆海统筹推动海洋生态环境保护的几点思考［J］．环境保护，2020（7）：14-17。

积整体呈下降趋势。引发大面积绿潮的主要藻类为浒苔，与近 5 年均值相比，2020 年浒苔绿潮最大覆盖面积下降 54.9%，单日最大生物量从 150.8 万吨减少至 68 万吨，持续时间缩短近 30 天。2020 年 4—7 月，绿潮灾害影响我国黄海海域，分布面积于 6 月 23 日达到最大值，约 18 237 平方千米；覆盖面积于 6 月 15 日达到最大值，约 192 平方千米。

随着中国从石油出口国转为石油进口国，石油进口数量不断上升，中国港口石油吞吐量正以每年 1 000 余万吨的速度增长。随着运输量和船舶密度的增加，中国发生灾难性船舶事故的风险逐渐增大，中国海域可能是未来船舶溢油事故的多发区和重灾区。同时，海上油气开采规模的扩大也增加了溢油生态灾害的风险，2011 年发生的渤海“蓬莱 19-3”溢油事故，对渤海生态环境造成较大损害。受到溢油事故的影响，2012 年事故海域的海洋生物多样性指数低于背景值，鱼卵仔鱼数量仍较低。

（四）近海海洋渔业资源退化趋势得到遏制，但保护形势依然不容乐观

中国近海渔业资源在 20 世纪 60 年代末进入全面开发利用期，之后海洋捕捞机动渔船的数量持续大量增加，由 60 年代末的 1 万余艘迅速增加至 90 年代中期的 20 余万艘①，捕捞对象也由 60 年代大型底层和近底层种类转变为以鳀鱼、黄鲫、鲐鲹类等小型中上层鱼类为主。随着捕捞船只数和马力数不断增大，加之渔具现代化，对近海渔业资源进行过度捕捞，导致传统渔业对象如大黄鱼绝迹，带鱼、小黄鱼等渔获量主要以幼鱼和 1 龄鱼为主，占渔获总量的 60%以上，经济

---

① 农业部渔业局．中国渔业年鉴 1998［M］．北京：中国农业出版社，1998。

价值大幅度降低①②，渔业资源进入严重衰退期。受过度捕捞和环境污染等影响，近年来我国海洋濒危物种数目增多、级别增加，中国鲎、斑海豹、文昌鱼等种群数量急剧减少，已成为濒危或近危物种，海洋生物遗传多样性受到威胁。随着近年来国家对渔业资源保护力度的逐步加大，特别是伏季休渔、捕捞“零增长”、负增长等措施的实施，以及外海、远洋渔业的加快发展，近海渔业资源保护取得了显著成效，但是海洋生物自然生产力的恢复还需要一个长期的过程，传统海洋捕捞船队和渔民分流转产转业短期内也面临一定的压力，渔业资源保护仍将是十分艰巨的长期任务。

二、海洋生态环境保护面临的挑战与风险

未来很长一段时间内，我国社会经济发展所处的阶段性特征决定了沿海地区人口增长、城市化和工业化发展对海洋生态环境的压力将长期存在，而且有可能会进一步加大。一方面，海洋环境污染很难在短期内得到根本遏制；另一方面，沿海社会经济发展对海洋资源的需求还将不断扩大，而受科技发展和管理水平的制约，海洋开发利用方式的彻底改变还需要一个过程，不合理开发对海洋资源和生态环境的影响有可能会进一步加剧。因此，未来海洋生态环境保护与管理还将面临严峻的风险和挑战。

（一）陆源污染防控仍面临巨大压力

陆地上的人类活动产生的污染物质通过直接排放、河流携带和大气沉降等方式输送到海洋，严重影响着海洋生态环境质量，成为中国

---

① Tang Q S，Effects of long-term physical and biological perturbations on the contemporary biomass yields of the Yellow Sea ecosystem//Sherman K，Alexznder L M，Gold B O. Large Marine Ecosystem：Stress Mitigation，and sustainability［J］. AAAS Press，Washington D. C.，USA 1993，79-93.

② 金显仕，赵宪勇，孟田湘，等．黄渤海生物资源与栖息环境［M］．北京：科学出版社，2005。

海洋环境恶化的关键因素。随着经济社会快速发展和人民生活水平的提高，直接排放和通过河流携带、大气沉降等途径排入近岸海域的污染物总量居高不下，据统计测算，陆源排放对近岸海域的污染贡献占70%以上，陆源污染排放是导致近岸海域水质污染的主要原因①。

从入海河流、直排海污染源、海洋大气污染物沉降的监测结果来看，近年来我国陆源污染排海强度总体上呈下降趋势。从入海河流水质情况看，2020年，全国入海河流水质状况总体为轻度污染，与上年同期相比无明显变化，主要超标指标为化学需氧量、高锰酸盐指数、五日生化需氧量、总磷和氨氮，部分断面溶解氧、氟化物、砷和石油类超标。193个入海河流监测断面中，无Ⅰ类水质断面，同比持平；Ⅱ类水质断面43个，占22.3%，同比上升2.8个百分点；Ⅲ类水质断面88个，占45.6%，同比上升10.9个百分点；Ⅳ类水质断面48个，比例为24.9%，同比下降7.7个百分点；Ⅴ类水质断面13个，比例为6.7%，同比下降2.2个百分点；劣Ⅴ类水质断面1个，比例为0.5%，同比下降3.7个百分点。与2015年相比，Ⅰ～Ⅲ类水质断面比例上升26.4个百分点，劣Ⅴ类水质断面比例下降21.0个百分点。从直海污染源污水排放来看，2020年442个日排污水量大于100吨的直排海工业污染源、生活污染源、综合排污口污水排放总量约为712 993万吨，与2015年相比，全国直排海污染源污水排放量增加，化学需氧量等主要污染物排放量减少。从海洋大气沉降物变化来看，“十三五”期间，渤海大气气溶胶中污染物含量和大气污染物湿沉降通量总体均呈现降低趋势。

但是，陆源污染排放的总量依然很大，部分污染物指标严重超标、部分海域和近岸区域污染物集中，是当前面临的突出问题。从污染物指标看，总氮是直排海污染的主要污染物，由于地表水总氮污染加剧，导致海水无机氮超标严重，2020年达到46 864吨。2018年是

---

① 姚瑞华，王金南，王东．国家海洋生态环境保护“十四五”战略路线图分析［J］．中国环境管理，2020（3）：15-20。

我国直排海污染源污水排放量最大的年份，与2012年相比，全国地表水总氮平均浓度上升13.8%，入海河流断面总氮平均浓度高达4.83毫克/升，超过全国平均浓度71.9%，沿海省份中辽宁、山东和海南入海河流总氮年均浓度同比上升20个百分点以上①。从污染物排放的海域分布看，河流入海污染排放最严重的是渤海海域，2020年Ⅳ类水质断面个数占四大海域的33%，Ⅴ类水质断面个数占四大海域的77%；直排海污水最多的是东海，2020年达24 835总氮/吨，其次是南海和黄海。从污染物排放的地区分布看，山东、浙江、广东是压力最大的省份，2020年污水排放总量和化学需氧量、总氮、总磷、铅浓度排放浓度指标均远高于其他省市。

随着近年来点源污染治理取得成效，通过河流输入到海洋的陆源污染中，农业非点源污染所占的比重越来越大，已经成为我国陆地和海洋水污染控制的突出问题，流域农村环境问题的治理已经刻不容缓。2020年陆源污染直排监测结果显示，不同类型污染源中，综合排污口排放污水量最大，各项主要污染物中除铅以外排放量均达到60%以上，其次为工业污染源，生活污染源排放量最少。

（二）流域水资源和海洋资源不合理过度开发的压力持续存在

一方面，由于陆地流域水资源的过度开发，大型水利工程建设过热，导致入海河流水量减少，对海洋生态系统产生重大影响。我国大型水利工程数量高居世界第一，世界坝高15米以上的大型水库的50%以上在我国，绝大部分分布在长江和黄河流域②。大型水利工程导致河流入海径流和泥沙锐减，其中8条主要大河年均入海泥沙从1950—1970年的约20亿吨减至近10多年的3亿~4亿吨，对河口及

---

① 张晓丽，姚瑞华，严冬．关于“十四五”海洋生态环境保护的几点思考［J］．世界环境，2020（4）：16-18。

② 贾金生，袁玉兰，李铁洁．2003年中国及世界大坝情况［J］．中国水利，2004，14（13）：25-33。

近海生态环境产生显著的负面效应，如曾是世界第一泥沙大河的黄河入海泥沙减少了87%，辽河、海河和滦河入海泥沙量实际上为零，而径流量下降90%以上①②③；淮河以南的南方主要河流入海径流总量虽然变化不大，但入海泥沙发生锐减，其中长江减少了67%。流域入海物质通量变化导致河口三角洲侵蚀后退，土地与滨海湿地资源减少，作为世界最快造陆地区的河口，20世纪末以来却年均蚀退1.5平方千米；长江河口水下三角洲与部分潮滩湿地也已出现明显蚀退④⑤。发生在河口与近海的一系列生态环境恶化问题，如浮游生物组成及种群结构改变、生物多样性降低及初级生产力下降、有毒赤潮种类增加、鱼虾产卵场和孵化场的衰退或消失等，均不同程度上与大型水利工程的建设和运行密切相关。随着今后流域大型水利工程的持续增加，其对河口生态环境的负面效应将进一步凸显。

另一方面，港口建设、围填海造地、海水养殖等海洋开发活动的无序扩张使近岸海洋生态系统严重受损，短期内难以从根本得到遏制，部分沿海地区仍存在围填海等历史遗留问题未得到完全解决，以及海洋生态环境管理能力薄弱等问题。我国目前大陆自然岸线保有率不足40%，17%以上的岸段遭受侵蚀，约42%海岸带区域资源环境超载，滩涂空间和浅海生物资源日趋减少。围填海造地历来是沿海地区向海洋拓展发展空间的重要手段，随着规模的持续扩大，围填海方式从过去的围海晒盐、农业围垦、围海养殖转向了目前的港口、临港工

---

① 戴仕宝，杨世论，郜昂，等．近50年来中国主要河流入海泥沙变化［J］．泥沙研究，2007（2）：49-58。

② 刘成，王兆印，隋觉义．中国主要入海河流水沙变化分析［J］．水利学报，2007（12）：1444-1452。

③ 杨作升，李国刚，王厚杰，等．55年来黄河下游逐日水沙过程变化及其对干流建库的响应［J］．海洋地质与第四纪地质，2008，28（6）：9-17。

④ Yang S L，Li M，Dai S B，et al. Drastic decrease in sediment supply from the Yangtze River and its challenge to coastal wetland management. Geophysical Research Letters，2006，33，L06408，doi：10. 1029/2005GL02550.

⑤ 李鹏，杨世伦，戴仕宝，等．近10年长江口水下三角洲的冲淤变化——兼论三峡工程蓄水影响［J］．地理学报，2007，62（7）：707-716。

业和城镇建设，主要集中在沿海大中城市临近的海湾和河口等海洋生态环境脆弱、保护和恢复压力较大的区域。大规模围填海造地对海洋生态环境造成了巨大损害，造成滨海湿地减少和湿地生态服务功能下降、海洋和滨海湿地碳储存功能减弱、鸟类栖息地和觅食地消失、底栖生物多样性降低、海岸带景观多样性受到破坏、鱼类生境遭到破坏、水体净化功能降低、生态灾害风险加大等一系列的严重问题。尽管近年来国家不断加强围填海管理，实施了多项专门针对围填海的重大举措，对扼制围填海的盲目扩张起到了重要作用，但是地方政府巨大的填海需求和冲动以及管理制度的不完善使监管面临一定难度。据统计，2002—2018 年，全国实际填海造地面积约为 27.5 万公顷，围海养殖面积约 74.8 万公顷；2020 年，辽河口、渤海湾、黄河口、胶州湾、苏北浅滩、长江口、杭州湾、闽东沿岸、闽江口、大亚湾、珠江口、广西北海、北部湾、海南东海岸 14 个监测区域滨海湿地面积较 5 年前减少 336 平方千米①。与 20 世纪 50 年代相比，滨海湿地面积减少 60%以上，丧失的速度高于全球平均水平。

（三）重化工业向滨海集聚和海上油气加快开发的风险上升

钢铁、石化、重化工等产业近海布局，海上油气开采规模持续扩大，生产、储运等环节易发生突发事故，产业重构及高环境风险叠加的态势短时间内难以消除。按照国家石化产业发展规划，我国将形成 20 个千万吨级炼油基地、11 个百万吨级乙烯基地，都集中在渤海、黄海、东海、南海等海区沿线，布局性、累积性的环境风险短时间内难以消除。据统计，近 50 年来油类污染已经使 1 000 多种海洋生物灭绝，海洋生物量减少了 40%。近年来，连续爆发了“桑吉”轮碰撞爆燃、天津滨海港危险品仓库火灾爆炸、福建东港碳九泄漏等事故，涉及船舶运输、危险化学品仓储、溢油污染等领域，涉海环境风险源分

---

① 张晓丽，姚瑞华，严冬．关于“十四五”海洋生态环境保护的几点思考［J］．世界环境，2020（4）：16-18。

布广、类型多、威胁大，防控难度高，通过行政、立法等各种手段进一步加大对海洋油气资源开发的监管已成为一项十分紧迫的任务。

（四）统筹陆海生态环境保护尚有一些技术性难题亟待破解①

2018 年 3 月，中共中央印发《深化党和国家机构改革方案》，将环境保护部的职责，国家发展和改革委员会应对气候变化职责，以及国土资源部、水利部、农业部、国家海洋局、南水北调工程建设委员会办公室等部门生态环境保护相关职责予以整合，组建生态环境部，作为国务院组成部门。这次机构改革在管理体制上首次实现了包括“打通陆地和海洋”在内的五个打通，为海洋生态环境保护和污染防治工作提供了制度保障，改革带来的红利立竿见影。2019 年，我国首次全面完成环渤海 3 600 千米岸线及沿岸 2 千米区域的入海排污口排查，共排查出渤海入海排污口 18 886 个，与之前各地及各有关部门掌握的排污口数量相比增加了 25 倍②。

但是，从技术层面来说，打通陆地和海洋的任务艰巨，尚需持续巩固和不断深化发展。从管理制度来看，生态补偿制度有待在海洋生态环境保护领域予以延伸，海洋生态保护红线监管有待与陆域生态保护红线一揽子考虑，海洋生态环境损害赔偿制度相对滞后，有待纳入全盘考虑，重点海域总量控制制度有待与排污许可证制度做好统筹，“湾长制”与“河长制”有待衔接并构成一个整体。从监测角度来看，以《海水水质标准》与《地表水环境质量标准》为例来分析，《地表水环境质量标准》中设置了“氨氮”“总磷”“总氮”指标，而《海水水质标准》设置了“无机氮”“非离子氨”和“活性磷酸盐”指标，完全不同的指标造成地表水和海水之间关于氮、磷物质的水质

---

① 张灿，曹可，赵建华．海洋生态环境保护工作面临的机遇和挑战［J］．环境保护，2020（7）：9-13。

② 李干杰．生态环境部部长在 2020 年全国生态环境保护工作会议上的讲话［EB/OL］．2020 - 01 - 18． http：//www. mee. gov. cn/xxgk2018/xxgk/xxgk15/202001/t20200118_760088. html。

评价是两条线，制约了氮、磷等物质的陆海联防联控。从评价角度来看，以海水质量评价为例来分析，在近岸海域水质考核中，多年来受限于部门间“面积法”和“点位法”之争，机构改革后，相关评价方法有待继续优化完善，河口区域评价方法也亟待尽快制定。海洋生态环境相关质量标准、排放标准、监测评价标准等技术体系尚处于梳理阶段，亟待将体制机制优势转化为技术优势并服务于新时期海洋生态环境监管工作。

三、陆海一体生态环境防治重点

海洋生态环境问题实质上是经济社会发展的问题，也是陆海发展关系协调问题。实现海洋可持续发展，必须围绕国家经济社会发展和海洋强国建设的战略需求，充分考虑陆地、流域、沿海地区发展对海洋生态系统的影响，建立以生态系统为基础、陆海一体、河海一体、从山顶到海洋的“陆海一盘棋”生态环境保护体系框架，创新管理体制机制，有效整合空间、优化配置资源，统筹沿海区域经济社会发展和流域经济社会发展，支持有助于改善海洋/河口生态系统健康的水土资源可持续土地利用方式，鼓励和支持可持续的、安全的、健康的海洋开发活动，推动海洋经济发展方式的根本转变。

（一）重点加强陆源污染物入海防治

海洋环境污染的“根子”是在陆地，陆海衔接不足，流域、区域、海域统筹的治理机制不完善，以海定陆的入海污染物治理体系尚未完全建立，入海河流污染长期得不到有效控制，陆源污染物大量入海造成局部近岸海域海水水质污染，这是海洋生态环境保护目前面临的最突出问题。从流域治理和陆上污染源控制抓起，推进陆海一体的污染排放防治，是海洋生态环境保护的首要任务。

1. 继续推进重点海域污染物总量控制制度的实施

坚持“陆海统筹、河海兼顾”，积极推进重点海域排污总量控制。

依据近岸海域环境质量问题和生态保护要求，以及海域自然环境容量特征，加快开展污染物排海状况及重点海域环境容量评估，按照海域—流域—区域控制体系，提出重点海域污染物总量控制目标，确定氮、磷、营养物质的污染物控制要求，逐步实施重点海域污染物排海总量控制，推动海域污染防治与流域及沿海地区污染防治工作的协调与衔接。近期应高度关注渤海，坚持以海定陆原则，实施陆源污染物入海总量控制制度，将海洋环境质量反降级作为刚性约束，强化沿海地方政府和涉海企业环境责任。

2. 加强面源污染物排放和入海量控制

发挥政府职能，强化面源污染管理。把面源污染防治与降低农业生产成本、改善农产品品质和增加农民收入结合起来；充分发挥地方政府的领导、组织、协调作用，逐步建立由政府牵头、部门分头实施的管理机制；充分发挥农业部门在农业面源污染防治工作中的主导作用，明确各部门的责、权、利，从源头、过程和末端三个环节入手，确保面源污染防治工作落到实处。

对全国不同地区污染现状及对策进行科学分类、分区，因地制宜地进行农业面源污染防治。积极建设生态农业、循环农业和低碳农业示范区；大力推广测土配方施肥、保护性耕作、节水灌溉、精准施肥等农业生产技术，积极提倡使用有机肥；在现有农田排灌渠道基础上，通过生物措施和工程措施相结合，改造修建生态拦截沟，减少农田氮磷流失；推进病虫害绿色防控，生物防治，淘汰一批高毒、高残留农药，推广先进的化肥、农药施用方法。推进农村废弃物资源化利用，因地制宜地建设秸秆、粪便、生活垃圾、污水等废弃物处理利用设施，合理有序地发展农村沼气。

进行城市绿色基础设施建设，通过绿色屋顶、可渗透路面、雨水花园、植被草沟及自然排水系统建设，完善城市雨污管网建设，加大城市路面清扫力度，严格建设工地环境管理，加强城市绿地系统建设，强化城镇开发区规划指导，进行街道和建筑的合理布局，禁止占用生态用地，以及市民素质教育等非工程措施，增加城市下垫面的透水面积，提高雨水利用率，补充涵养城市地下水资源，控制城市面源污染，减轻城市化区洪涝灾害风险，协调城市发展与生态环境保护之间的关系。

3. 加快陆海污染防控规划管理和技术标准的衔接

对于目前陆海统筹生态环境保护仍然存在的规划管理、制度、评价技术指标错位问题，要尽快做好统筹衔接工作，持续从技术层面巩固发展“打通陆地和海洋”制度红利。在规划管理层面，要做好海流域、区域规划的衔接，推进环渤海地区重点流域规划，包括黄河流域、海河流域和辽河流域污染防治规划任务与渤海污染防治工作衔接，推进长江口、杭州湾、珠江口与相关流域、区域规划的协调和衔接，系统设计、统筹兼顾，将海域污染防治的要求体现在流域、区域规划中，将总氮、总磷作为污染控制目标，纳入流域水污染防治规划。在制度和技术层面，结合《中华人民共和国海洋环境保护法》和相关条例修订以及沿海地方海洋生态环境保护法规的修订工作，制定和修订入海排污口管理、海洋工程环境影响评价管理、海洋废弃物倾倒管理等制度性文件，推动陆海生态环境损害赔偿、海洋污染总量控制与陆上排污许可，“湾长制”与“河长制”、《海水水质标准》与《地表水环境质量标准》等方面制度的有效衔接，完成海水水质、海洋工程环境影响评价、入海排污口设置、海洋倾倒区选划等标准和技术指南的制修订，完善“十四五”近岸海域水质目标考核方法，出台海洋污染基线调查规程、养殖尾水分区分类排放、河口区域水质评价等方面的国家标准；建立和完善污水排海标准，统一规定城市污水和工业废水排放的浓度标准，严格控制污水中污染物的浓度，强制控制污染物的排放限值，监督污水排放活动，实行污染物申报登记、入海污染物总量控制，针对性地加强对陆源入海排污口重金属及其他有毒有害污染物的排放监管；加强流域断面污染防治，提升沿海区域环境治理水平，减轻和控制近岸环境压力。

4. 实施陆海一体化的污染控制工程

坚持陆海统筹，将陆源污染与海洋污染控制相衔接。实施山顶到海洋的陆海一体化污染控制工程，开展海洋污染防治与生态修复工程、陆域污染源控制和综合治理工程、流域水资源和水环境综合管理与整治工程、环境保护科技支持工程、海洋监测工程，实现海洋生态系统良性循环，人与海洋和谐共处。全面开展入海河流“消劣行动”，以入海排污口溯源整治为出发点，分类攻坚，消除污水未经处理直接排海现象，控制造成水体富营养化的径流输入，强化入海河流总氮、总磷污染治理。

（二）重视河口海湾生态健康维护与恢复

河口是陆域流域的重点和海洋的起点，是陆海水体交换、生物植物交换、水动力交互作用的区域，也是我国海洋生态环境的“重灾区”和人口、城镇、产业的密集区，在生态环境和经济社会发展中具有突出重要的地位。与此同时，在一些重要海湾，受半封闭的海域自然地理特征及港口、坝堤等建设工程的影响，水动力弱、纳潮量减少、水体交换能力差，生态环境问题也异常突出。河口、海湾的生态治理既要做到陆海联动，也要做到工程性措施和管理手段创新的协同。

1. 加强流域水利工程对河口水沙调控的综合管理

加强流域水利工程对河口水沙调控的综合管理，维护与恢复河口生态健康。国家水利部门、流域管理委员会和海域管理部门要在充分考虑维持河口三角洲冲淤平衡所需入河口临界泥沙量、河口三角洲大城市供水安全最低需水量及河口/近海生态最低需水量等的基础上，加快拟订流域水利工程调控水沙的方案。启动重点河口区的点源、非点源综合治理，重点实施水源涵养、湿地建设、河岸带生态阻隔等综合治理工程，维护河口良好水环境质量。对于生态破坏较为严重的河口，加强生态修复，在不影响行洪的前提下，在河道内、河堤上、湖泊周围有选择地种植水生、陆生植物，取消或改造硬质岸线，修复河道生态系统。

2. 分区分类推进河口、海湾海洋生态修复工程建设

加大河口、海湾生态保护力度，开展河口、海湾生态环境综合治理。积极修复已经破坏的海岸带湿地，发挥海岸带湿地对污染物的截留、净化功能。实施海湾生态修复与建设工程，修复鸟类栖息地、河口产卵场等重要自然生境，在围填海工程较为集中的渤海湾、江苏沿海、珠江三角洲、北部湾等区域，建设生态修复工程。加强滨海区域生态防护工程建设，因地制宜建立海岸生态隔离带或生态缓冲区，合理营建生态公益林、堤岸防护林，构建海岸带复合植被防护体系，形成以林为主，林、灌、草有机结合的海岸绿色生态屏障，削减和控制氮、磷污染物的入海量，缓减台风、风暴潮对堤岸及近岸海域的破坏。

3. 完善河口海湾生态管理制度和标准规范体系

合理划分流域和海洋管理边界，将河口区域作为流域海洋协同共治的管控单元，推动陆海管理的衔接。基于不同河口的自然地理特征、温度、盐度以及潮流规律等，合理进行河口区分类，有效划定河口边界，研究制定河口区环境质量标准，并建立配套的规划、标准和评估等管理制度和政策。结合“湾长制”和“河长制”管理体系衔接，探索建立海湾区区域间统一、陆海间统筹的生态环境保护制度、标准和规范，明确管控范围、管控标准和管控措施，流域、区域、海域协同加强海湾区综合治理和保护。

（三）大力加强沿岸生态保护

充分发挥海岸带陆海空间耦合载体的作用，以国土空间规划为依据，统筹海岸线两侧资源配置、经济布局、环境整治和灾害防治等功能和需求，着力强化沿岸区域、海域生态保护与修复，提升海岸带生态承载力和生态服务功能。

1. 强化对海岸带资源开发的管控

严格落实生态红线制度，加快海洋生态保护红线监管与陆域生态保护红线的衔接，重点突出围填海、重要生态功能区和敏感区生态红线的划定与落实。在海区生态容量、生态安全、环境承载力等的评估基础上，对中国海岸带和近岸海域进行海洋生态区划研究，划定海域潜力等级，确定海岸带/海洋生态敏感区、脆弱区和景观生态安全节点，提出要优先保护的区域，作为围填海红线，禁止围垦。对近岸海域重要生态功能区和敏感区划定生态红线，防止对产卵场、索饵场、越冬场和洄游通道等重要生物栖息繁衍场所的破坏。加强陆海生态过渡带建设，增加自然海湾和岸线保护比例，合理利用岸线资源，控制项目开发规模和强度。加强围填海工程环境影响技术体系研究，加强对围填海工程的空间规划与设计技术体系研究，完善必要的行业规范。积极探索如何可持续利用海洋空间资源，充分发挥海洋空间的生态价值，并最小限度地减少对生态系统的影响。规范海岸带采矿采砂活动，避免盲目扩张占用滨海湿地和岸线资源，制止各类破坏芦苇湿地、红树林、珊瑚礁、生态公益林、沿海防护林、挤占海岸线的行为。

2. 加快实施生态修复工程

进行滨海湿地生态修复工程，通过种植红树林、柽柳、底播增殖大型海藻、养护和种植海草床，逐步构建海岸带生态屏障，恢复近岸海域污染物消减能力和生物多样性维护能力。采取生态养殖、增殖放流、人工鱼礁等措施建设蓝色牧场，恢复主要海洋生物资源繁育和生长的生境。加快岸线整治和生态景观恢复，在重点滨海旅游区和沿海经济开发区，实施海滩垃圾清理、不合理海滩建筑拆除，开展生态浴场建设、人工沙滩修复和养护、退垦还滩还海。开展入海排污口普查、调查和优化调整，综合治理入海河流和重点海湾污染，实施污染物排放总量控制，制定重点河口、海湾主要入海污染物排放总量分配方案和计划，合理分配污染物排放配额。开展近岸海域环境风险管理工作，进一步加强港口和船舶污染防治，强化港口船舶防污监管，实施船舶、舰艇及其相关活动的油污染物“零排放”计划。开展不同条件和种类的珊瑚礁人工繁育和移植技术研究，进行珊瑚礁生态修复和特色资源生物的增殖放流技术、有害生物防控技术的综合集成及示范区建设。推进典型的生态受损海岛的生态修复工作，实施海岛陆域生态系统受损修复试点工程、岛体周围沙滩生态修复工程、海岛周边红树林、珊瑚礁生态修复工程。

3. 建立健全海洋保护区网络

推进各类海洋保护区的建设与规范化管理，严格保护典型性、代表性的海洋生态系统、海洋生物天然集中分布区、海洋自然历史遗迹和自然景观，进行受损系统的生态整治和修复，防控外来物种入侵。进行海洋重要生态区域区划及主体功能区规划制定等应用基础专项研究，开展重点海域珍稀海洋物种保护、污染物入海排放总量控制关键技术研究，建立海洋资源可持续发展中心、海上生态实验场、国家海洋生物物种鉴定标准实验室。加强海洋保护区相关的政策法规研究，进一步建立健全海洋生态保护和建设方面的法律法规、政策、标准和技术体系等基本制度。

（四）推进沿海经济转型发展和生态环境风险防控

海洋生态环境问题的产生从根本上来说是粗放的资源开发和经济发展方式造成的，海洋生态环境的彻底改善也需要从经济发展方式转型中寻求突破。要以海洋生态文明的理念为指导，大力发展绿色海洋经济，努力形成符合生态文明理念的海洋资源的生产和消费模式，推进海洋经济转型发展。同时，要将沿海重化工业发展和海上溢油等风险防范作为海洋生态环境治理的重要任务。

1. 加快沿海海洋资源开发布局和经济结构的战略性调整

基于海洋资源环境承载能力，开展“河口—海岸带—近海—海岛—远海”资源合理开发的整体性、长远性、战略性布局研究。严格保护自然岸线，实行海洋空间资源的集中适度规模开发，鼓励有条件的地区通过受损海域海岛修复、港口空间资源整合等方式将部分建设用海空间转化为海洋生态空间，实现海域国土资源的合理配置，推动海洋资源利用和海洋生态空间格局优化。依据沿海地区海域和陆域资源禀赋、环境容量和生态承载能力，科学规划产业布局，改造升级传统产业，培育壮大海洋战略性新兴产业，积极发展海洋服务业，优化海洋产业结构。提高海洋工程环境准入标准，综合运用海域使用审批、海洋工程环评审批和工程竣工验收等手段，促进产业结构调整和升级。

2. 建立沿海和海上生态环境风险防控预警机制

重视沿海及海上主要环境风险源和环境敏感点的风险防控，建立健全风险排查评估、应急响应、联合执法机制。建立海洋环境风险排查评估和信息共享机制，针对赤潮（绿潮）高发区、石油炼化、油气储运、危化品储运、核电站、海底管线、海岸堤坝等重点区域，积极开展风险调查及评估，完善海洋风险事故和灾情统计，建设海洋风险事故和灾害大数据综合信息平台。建立风险应急响应机制，加强海洋突发污染事件以及生态灾害天地一体化的监视监测网络和预报预警体系建设，利用卫星等手段实现对溢油、赤潮、绿潮、危化品等高危险区的高频监视监测，制定船舶溢油、化学品泄漏、赤潮等海洋突发事件和环境灾害应急预案，提高环境风险防控和突发事件应急响应能力。建立健全生态环境、自然资源、海事等涉海部门共同参与的海洋生态环境联合执法机制，构建集接警调度、统一指挥、信息反馈等功能于一体的指挥系统，逐步加强综合执法管理系统建设，提升协同联动能力和水平。

3. 以强化环境监管倒逼沿海重大涉海工程布局优化和技术创新

防范重化工业向沿海集聚的风险防范，站在全局高度，对我国沿海重化工基地的环境敏感性进行科学系统评估，尽早提出重化工业宏观布局优化调整及风险预判和应对方案。大幅度压减环境敏感区域、城镇人口密集区、化工园区外和规模以下化工生产企业数量，依法关闭安全和环保不达标、风险隐患突出的化工生产企业，限期取缔和关闭列入国家淘汰目录内的工艺技术落后的化工企业或生产装置等，从根本上全力防范和遏制突发环境事件发生。从提高环保标准和制度约束的角度，促使重化工企业加快生产工艺和技术创新，开发利用清洁生产技术、有毒有害污染物预处理技术及原位回用技术，减少有毒有害原料的使用和排放，降低风险发生概率。

突出核电开发工程安全防范。围绕核能与核技术利用安全、核安全设备质量可靠性、铀矿和伴生矿放射性污染治理、放射性废物处理处置等领域基础科学研究落后、技术保障薄弱的突出问题，全面加强核安全技术研发条件建设，改造或建设一批核安全技术研发中心，提高研发能力。组织开展核安全基础科学研究和关键技术攻关，完成一批重大项目，不断提高核安全科技创新水平。

（五）实施海洋生态环境分区保护与治理

基于四大海域的海洋环境污染和生态破坏程度，综合考虑海湾、河口、滨海湿地、珊瑚礁、红树林、海草床等不同生态系统的主要服务功能、结构现状、环境质量及生态压力状况，遵循开发与保护并重、陆海一体、突出重点的基本原则，将我国近岸海洋生态环境保护重点区域/海域划分为海域环境污染防治区、海洋生态治理区、海洋生态功能恢复区三种类型，实施差异性保护与治理措施。

1. 海域环境污染防治区

主要包括渤海的渤海湾、莱州湾和辽东湾近岸；黄海的鸭绿江口、胶州湾；东海的长江口、杭州湾、温州—宁波近岸；南海的珠江口、汕头近岸和湛江近岸。海域海水中主要污染物是无机氮、活性磷酸盐，陆地径流携带及沿岸发达的工农业生产所产生的大量污染物排入是造成海域污染的主要原因，此外，个别海域如渤海海域自身水交换能力较弱使得污染较重。未来要重点突出防止、控制和减少陆源污染，在渤海湾、辽东湾、莱州湾、胶州湾、象山港、大鹏湾、深圳湾等重点海域实施污染物排海总量控制制度，同时开展重点海域环境污染治理和综合整治。要继续抓好渤海环境污染治理，巩固已经取得的治理成果，做到工业污染源稳定达标排放，杜绝“反弹”现象出现，加快渤海沿岸城市污水处理厂建设，实现规划目标。以规划为基础，开展两口（长江口、珠江口）、三湾（大连湾、胶州湾、杭州湾）重点海域综合整治。

2. 海洋生态治理区

主要包括锦州湾、莱州湾、黄河口、长江口、杭州湾和珠江口。由于陆源污染、过度捕捞、围填海、滩涂围垦和不合理养殖活动，使得这些区域草床等生态系统处于不健康状态，生态系统自然属性明显改变，生物多样性极大程度变化，生态系统主要服务功能严重退化或丧失，生态系统在短期内无法恢复。要加强典型海洋生态系保护，建立和完善各具特色的海洋自然保护区，形成良性循环的海洋生态系统；开展全国性海洋生态调查和保护，重点开展红树林、珊瑚礁、海草床、河口、滨海湿地等特殊海洋生态系统及其生物多样性的调查研究和保护；加强现有海洋自然保护区能力建设，提高管理水平，规划建设一批新的海洋自然保护区。

3. 海洋生态功能恢复区

主要包括双台子河口、滦河口—北戴河、渤海湾、苏北浅滩、乐清海、闽东沿岸。陆源污染、过度捕捞、围填海、滩涂养殖及外来物种入侵等因素使生态系统健康状态、系统结构及生物多样性发生一定程度变化，但生态系统主要服务功能尚能发挥。保护的主要措施有：建立海湾和沿岸鱼虾蟹产卵场、育肥场保护区，加强珍稀濒危物种保护区特殊生态系统；控制和压缩近海传统渔业资源捕捞强度，继续实行禁渔区、禁渔期和休渔制度；改进捕捞技术和方法，适度捕捞经济鱼类，维持经济鱼类的世代繁殖和农牧化技术，人工增殖优质资源；加强对滩涂浅海增养殖业的管理，合理开发利用适合养殖的区域；投放保护性人工鱼礁，加强海珍品增殖礁建设，扩大放流品种和规模，增殖优质资源种类和数量。

四、渤海生态环境保护

渤海是我国内海，相对封闭的海域自然地理条件所导致的水交换能力先天不足，以及环渤海地区经济社会发展所带来的污染和生态破坏压力，造成渤海海域历来是我国海洋生态环境破坏的“重灾区”，也是海洋生态环境治理的重点区。渤海海洋生态环境的修复与治理是一项长期的艰巨任务。

（一）对渤海生态环境问题的认识

渤海生态环境问题产生于20世纪70年代，形成于20世纪90年代，持续至今、愈演愈烈。与70年代末相比，渤海生态环境问题无论是在类型、规模、结构上还是在性质上，都发生了深刻的变化，老问题不断加重，新问题不断产生。环渤海区域是我国目前生态环境问题最为突出、污染最严重、安全风险最高、治理难度最大和治理最迫切的地区。资源、环境、生态和灾害相互叠加、相互影响，形成了渤海生态环境问题的特殊性、复杂性和多样性，而且有迹象表明这些问题已由局部扩展为区域性、流域性影响。

1. 环境污染仍是渤海环境问题的重点，而且正呈复合污染的态势

环境污染特别是陆源污染一直是渤海生态环境保护面临的最大难题。多年来，围绕党中央、国务院“打赢打好污染防治攻坚战”的决策部署，相关部门和环渤海有关地方聚力推动渤海污染治理，实现了环渤海140余条主要入海河流的全覆盖监测，“1+12”沿海城市已基本实现固定污染源排污许可全覆盖，纳入监测的日排水量大于100吨的工业直排海污染源实现稳定达标排放，海域污染源分类治理有序推进，渤海环境污染加剧的趋势在一定程度上有所缓解（表5-1）。2020年渤海近岸海域优良（一、二类）水质比例达到82.3%，较

2019 年提高 4.4 个百分点；纳入“消劣”行动计划的 10 个国控入海河流监测断面全部消除劣Ⅴ类。

表 5-1　2020 年我国管辖海域未达到第一类海水水质标准的各类海域面积（平方千米）

海区	二类水质海洋面积	三类水质海洋面积	四类水质海洋面积	劣四类水质海洋面积	合计
渤海	9 170	2 300	1 020	1 000	13 490
黄海	7 430	8 300	4 550	5 080	25 360
东海	10 800	8 910	6 810	21 480	48 000
南海	3 330	1 140	1 100	2 510	8 080
管辖海域	30 730	20 650	13 480	30 070	94 930

资料来源：2020 年《中国海洋生态环境状况公报》

但是总体来看，渤海环境污染面临的形势仍然十分严峻，污染面积还在逐渐扩大。目前，近海污染主要集中于辽东湾、渤海湾以及莱州湾近岸，其中辽东湾是渤海海域污染最为严重的海湾，辽东湾中劣四类海水水质面积非常大，几乎涵盖了整个海域。当前渤海环境的污染物主要是化学物质污染，如化学需氧量、高锰酸盐指数、五日生化需氧量、氟化物、总磷、石油类、砷等，与 20 世纪相比，渤海的环境污染已经由最初的以石油、重金属为主的单一工业污染，逐步向工业污染、生活污染、农业面源污染、大气污染等复合污染转变，从一般污染向有毒有害污染转变，已经形成点源与面源污染并存、生活污染与工业污染排放叠加、各种新旧污染物相互复合的态势。其中进入渤海的污染物 60%以上来自于沿海 13 市以外的区域。2017 年，渤海秋季未达到第一类海水水质标准的海域面积达 32 480 平方千米，将近渤海海域总面积的一半。调查显示，2018 年渤海的排污口达标排放次数仅为监测次数的 52%，在渤海设置的 13 个重点排污口中，超过

90%的重点排污口海域环境质量不达标，属于污染状态①。2020 年，渤海以占我国管辖海域 1.6%的海域面积容纳了占全海域 11.6%的污水排放总量；未达到第一类海水水质标准的海域面积为 13 490 平方千米，占渤海海域总面积比重达 17.5%，约为黄海和东海海域的 3 倍左右；全国沿海入海河流断面水质为轻度污染的 5 个省市中有河北、天津、山东 3 个省市位于环渤海地区，其中天津市的Ⅴ类水质断面比例高达 75%，山东Ⅳ类水质断面的比例也达到 55%。表 5-2 为 2020 年沿海各省区市入海河流断面水质类别比例及主要超标指标。

表 5-2　2020 年沿海各省区市入海河流断面水质类别比例（%）及主要超标指标

省区市	水质状况	Ⅰ类	Ⅱ类	Ⅲ类	Ⅳ类	Ⅴ类	主要超标指标
辽宁	良好	0.0	22.2	66.7	11.1	0.0	化学需氧量、高锰酸盐
河北	轻度污染	0.0	8.3	41.7	33.3	16.7	化学需氧量、五日生化需氧量、高锰酸盐
天津	轻度污染	0.0	0.0	0.0	25.0	75.0	化学需氧量、五日生化需氧量、高锰酸盐
山东	轻度污染	0.0	13.8	24.1	55.2	6.9	化学需氧量、高锰酸盐、总磷
江苏	轻度污染	0.0	6.5	64.5	25.8	3.2	化学需氧量、高锰酸盐、总磷
上海	优	0.0	100.0	0.0	0.0	0.0	—
浙江	良好	0.0	30.8	53.8	15.4	0.0	化学需氧量、五日生化需氧量、总磷
福建	良好	0.0	27.3	54.5	18.2	0.0	总磷、溶解氧
广东	良好	0.0	37.5	40.0	20.0	0.0	氨氮、化学需氧量、高锰酸盐
广西	优	0.0	18.2	72.7	9.1	0.0	氨氮、总磷、化学需氧量
海南	轻度污染	0.0	36.8	36.8	15.8	10.5	高锰酸盐、化学需氧量、五日生化需氧量

资料来源：2020 年《中国海洋生态环境状况公报》

① 马宏伟．渤海海洋生态环境特征与整治策略［J］．黑龙江科学，2021（22）：158-159。

2. 渤海生态需水量补给逐年减少、水质变差，是造成生态系统功能受损、水环境质量变差的一个全局性影响因素

由于陆域开发力度不断加大，流域水资源供需矛盾日趋尖锐，各类用水急剧增加，致使不少河流断流，入海水量下降。生态用水的减少和入海河流、排污河及其他类入海断面水质不达标等问题叠加，是渤海特别是河口区域水质和水生态环境恶化的重要原因。在环渤海地区，水资源总量仅占全国的 3.5%，人均和耕地亩均水资源量分别为全国平均水平的 1/5 和 1/6，有限的水资源量同不断增长的工农业、城乡居民生活用水的矛盾日益尖锐，而水污染进一步加剧了水资源的短缺①，引发了水资源特别是地下水资源过度开发、滨海地面沉降、海水倒灌等一系列问题。

据水利部的统计，1956—2000 年，由于流域内工农业用水量持续增加，加上降水减少等自然原因，汇入渤海的水量呈持续快速下降趋势，20 世纪 70 年代比 60 年代下降了约 300 亿立方米，1980—1990 年又下降了 200 多亿立方米，1980—2000 年比 1956—1979 年减少了 47.3%，减少幅度较大；进入 21 世纪以来，入渤海水量减少趋势变缓，2001 年以来，虽然与 1980—2000 年相比依然有所减少，但幅度较小，仅减少 5.2%②。从各流域看，除山东半岛入海水量在 21 世纪大幅度增加之外，其他流域均呈减少趋势，尤其是黄河流域，1980—2000 年比 1956—1979 年减少了 50.5%，2001—2012 年又比 1980—2000 年减少了 19.2%，河流入海水量减少已成为影响河口生态系统健康状况的主要因素之一③。

---

① 刘庆斌．环渤海的“圈”经济与资源环境承载力的博弈及化解机制［J］．环渤海经济瞭望，2008（4）：20-22。

② 梁斌，鲍晨光，于春艳，等．渤海生态环境状况与管理对策研究［A］．//中国环境科学学会．中国环境科学学会科学技术年会论文集（第二卷）［C］．北京：中国书籍出版社：690-696。

③ 王玉梅，丁俊新，张军．渤海生态环境及其影响因素的演变特征分析［J］．鲁东大学学报（自然科学版），2016，32（1）：66-73。

3. 不合理海洋开发严重威胁生态系统健康，支撑海洋经济发展的生态力持续下降

海洋污染、过度捕捞、围填海造地等带来的生态破坏造成近岸生态系统结构变化，传统鱼类资源衰退，滨海湿地锐减、生物多样性降低，生物群落低级化问题凸显。一些重要的滨海生态湿地过渡围垦所造成的破坏仍在加剧。滨海地区地下水过度开采，引发了明显的海水倒灌、地面沉降等问题。2020 年监测结果显示，渤海 6 个典型海洋生态系统均处于亚健康状态。

环渤海地区海洋岸线使用率高，填海造地是岸线利用的主要方式，大规模围填海造地导致滨海湿地生境改变、近岸水动力条件变化，严重影响了海洋生物的栖息环境，造成了一定程度的生态破坏。据调查，环渤海地区滨海滩涂湿地也正在以每年 2%的速度消失，湿地的生态调节和防洪防灾能力下降。有研究显示，1985—2017 年，环渤海围填海总面积 42. 5 万公顷，年均开发强度指数为 2. 6%，围填海岸线增长 10 734 千米，增长幅度为 62%；迄今为止的两次围填海高峰主要发生在 1985—1990 年和 2005—2015 年，其中第一个围填高峰以围海养殖为主要利用方式，植被、未利用地大量转为养殖水域，第二个围填高峰以城市和港口建设为主，主要由自然海域转入；海水养殖和沿海建设是近年来围填海利用开发的主要方式，截至 2017 年，42. 9%的面积被用来养殖，30. 4%的面积被用于港口和城市建设，侵占了大量滨海湿地资源，对滨海生态环境造成了一系列负面影响①。

受过度捕捞、围填海造地及其他不合理海洋资源开发活动的影响，渤海渔业资源遭到严重破坏、几近枯竭，浮游生物群落结构日趋简单化，生物多样性、生物自然生产力、生态服务功能日趋下降。根据调查，我国渤海海域中的生物物种数量与其他海域相比是最少的，在生物多样性方面也体现出一定的局限性，其生态系统结构不够丰

---

① 温馨燃，王建国，王雨婷，等．1985—2017 年环渤海地区围填海演化及驱动力分析[J]. 水土保持通报，2020（2）：85-99。

富，生态服务能力逐年减弱。此外，海洋生物的引种不当也带来物种入侵问题，严重干扰、破坏渤海海域特定生态系统的结构、功能及生物多样性，浮游植物、浮游动物、底栖生物的种类、数量等受到不同程度的影响。有数据显示，2014—2018 年，渤海监测区海洋浮游植物物种持续增加，浮游动物物种波动幅度大，而大型底栖生物大幅度减少。生物物种结构的显著变化，在一定程度上说明渤海海域的生态系统稳定性在逐步下降（表 5-3）。

表 5-3　2014—2018 年渤海监测区域浮游生物和大型底栖生物物种数①

类别	2014 年	2015 年	2016 年	2017 年	2018 年
浮游植物	212	223	234	160	171
浮游动物	85	103	89	101	85
大型底栖生物	390	360	349	318	286

资料来源：2014—2017 年《北海区海洋环境公报》；2018 年《中国海洋生态环境状况公报》

4. 海洋灾害发生风险高，溢油、赤潮、绿潮等成为普遍关心的问题

随着环境污染和生态破坏的不断加剧，环渤海地区遭受海洋灾害的频率和强度也逐渐增加，对经济社会发展造成严重影响，受到越来越多的关注。

据不完全统计，在 20 世纪 90 年代以前，渤海记录到的赤潮每年仅为 0.1 次，年发生面积为 90 平方千米，进入 90 年代后平均每年发生赤潮增加至 2.7 次，年发生面积超过 1 750 平方千米。② 在 2017 年我国管辖海域发生赤潮 68 次，而环渤海地区共发现赤潮 12 次，累计面积达 342 平方千米，微生物的不断繁殖破坏了渤海地区固有的生物

① 曹洪军，谢云飞．渤海海洋生态安全屏障构建问题研究［J］．中国海洋大学学报（社会科学版），2021（1）：21-31。

② 王黎黎，李宝敏，袁艺．渤海环境污染治理对策研究——以濑户内海为参考［J］．海洋开发与管理，2021（3）：39-44。

链条，降低了海洋环境质量。2000—2018 年，渤海海域共发现赤潮 204 次，累计发生海域总面积 40 191 平方千米。

同时，渤海各个港口吞吐能力不断增强，使得水路运输和装卸货物总量加大，大型船只不断增加，加之受海上石油开发的影响，溢油风险也逐渐加大，溢油事故频发，部分地区的溢油污染也十分严重。从 2006 年至今，渤海海域内共发生了 100 余起溢油事件，对辽宁、河北、山东海域的海洋环境造成了严重污染。

此外，海冰灾害、海水入侵、土壤盐渍化等现象也频频发生，对渤海海洋生态环境造成了极大的威胁。表 5-4 为 2002—2018 年四大海区赤潮发生情况。

表 5-4 2002—2018 年四大海区赤潮发生情况

海区	发生次数（次）	累计面积（平方千米）	平均面积（平方千米）
渤海	8.73	2 225.94	285.25
黄海	6.94	874.41	118.81
东海	42.41	7 455.29	154.18
南海	12.29	583.59	44.55

资料来源：林天维，孙子钧，柴清志，等．中国海洋生态环境特征分析［J］．海洋开发与管理，2020（5）：36-40。

（二）渤海生态环境保护必须重视的几个问题

渤海生态环境问题的复杂性和综合性特征决定了其治理不能单纯从某个方面或依靠沿海地区的努力来达到预期目标，而必须树立系统性思维，只有通过多领域联动以及国家与地方、沿海与内陆、流域与海域的配合行动，才能取得良好的治理效果。从近年来国家推动渤海综合治理的实施效果来看，未来渤海海洋生态环境保护与治理还需重视以下几个方面的问题。

1. “疏”和“堵”的关系问题

渤海环境问题的产生固然有其半封闭内海的自然地理因素的影响，但是经济社会发展的扰动、经济发展方式的粗放和资源的不合理掠夺式利用才是导致渤海环境质量持续下降的深层次的、根本的原因。在渤海环境的治理方面，尽管说多年来国家实行的以排污控制为主要手段的“末端治理”对减缓渤海生态环境恶化趋势、倒逼相关地方经济发展方式的转变发挥了一定的积极效果。但是，环渤海区域的多元性、地区行政分割管理体制的局限性决定了要从根本上解决渤海生态环境问题，必须从长远出发，加强对相关区域经济发展的宏观调控和统筹协调，促进其经济发展方式的转变，特别要通过强有力的管控和激励机制设置调动不同行政主体增强地方经济社会发展中生态环境保护与治理的自觉性和主动性，形成渤海环境保护的协同推动力量。因此，以“疏”为主要方式的前端治理和以“堵”为主要手段的末端治理是渤海环境保护中需同等对待的重要问题。

2. 资源、环境和生态的系统治理问题

渤海生态环境问题产生的原因是多方面的，资源退化、环境污染、生态破坏等问题相互影响、相互交织的特征，也决定了渤海生态环境的治理是一项复杂的系统工程。从当前渤海生态环境的治理来看，国家和地方政府在污染治理方面倾注了大量的人力、物力、财力，但是对陆海资源的合理利用与保护、对全局性生态系统改善和功能维护方面的投入略显不足。诚然，这种政策取向从渤海生态环境问题的现实表现来看有其合理性，但是从系统的角度考虑，环境污染和资源、生态问题的产生互为因果、密不可分，加强对资源和生态的有效管理更有利于从根本上解决环境污染问题。因此，在渤海生态环境的保护与治理中，既要突出环境污染治理任务的紧迫性与艰巨性，同时要兼顾资源和生态管理的有效投入，树立基于生态系统的管理思维。

3. 陆地区域和海洋区域的协同联动问题

陆地生态环境质量和海洋环境质量是密不可分的关系。从渤海当前生态环境问题产生的原因来看，陆地环境质量的持续恶化、特别是陆源污染通过水体、大气向海洋区域的传导是导致渤海生态环境质量下降的最主要、最直接的原因。随着海洋开发进程的不断加快和力度的不断加大，不合理海洋开发所导致的问题和风险急剧上升，也已经成为不容忽视的重大问题。未来一方面要加强陆域经济、社会和生态环境的综合治理，最大限度地降低陆地对海洋生态环境的压力；另一方面，要加强对海洋资源开发的管理，切实解决不合理和过度开发对海洋资源、环境的破坏问题。

4. 生态环境管理手段的刚性约束不足问题

经济、行政和法律手段并重是国际上进行流域和封闭性水域生态环境治理所普遍遵循的原则。从当前我国进行渤海治理所采取的对策来看，部门和行业的行政管理（包括一些带有明显行政色彩和部门特征的规章、制度）一直占据着主导地位，而作为区域治理重要手段的激励性、补偿性经济措施和市场化机制明显不足，数量众多的涉海法律法规在条块分割的体制框架下刚性约束力也大打折扣，这是造成渤海环境治理政府失灵和市场失灵两大问题产生的重要原因。有鉴于此，从渤海生态环境问题的特殊性出发，在增强现有行政法规的针对性和有效性的同时，加快渤海立法进程，加快建立健全市场化机制，应该成为未来渤海生态环境管理体系完善努力的重要方向。

（三）加强渤海生态环境保护与治理的举措

针对以上关键环节和问题，建议从强化综合协调机制、加强流域综合治理、控制海洋开发强度、加快渤海立法进程等方面，集中力量予以突破，力求使渤海生态环境保护与治理跟上国家推动生态文明建设和高质量发展的步伐。

1. 强化综合性统筹协调机制

渤海问题所涉及的地域范围广、地方行政主体和部门行业多。渤海已经和正在遭受的多重的损害不仅非单一行政部门或单一执法部门所能阻止和弥补，也非多个分头行动的部门靠分别的执法活动所能救治，只有通过综合管理才能奏效。以往的渤海治理及环境保护步履维艰的主要原因之一就在于没有一个一体化的专门的管理机构对渤海实施综合管理，造成地方之间、部门之间协作不力，难以推动对渤海环境问题的步调一致和协同治理。为此，从环渤海区域多元、行政管理体制分割的实际出发，要重视发挥统筹协调机制在区域协同发展和海洋生态环境统筹治理中的重要作用。按照生态系统完整性和海域、海岸带、陆域一体化管理的要求，建议成立渤海综合管理委员会，与现有的流域管理委员会共同构成综合统筹协调管理的框架。渤海管理委员会可考虑由国家发展和改革委员会、自然资源部、生态环境部、水利部等部门和相关省市共同参与，在国家发展和改革委员会常设办公室，负责渤海管理相关规划、政策和目标的制定，对相关地方发展规划的战略环评，监督不同地方污染防治、资源可持续利用、生态保护实施方案的制定与实施，协调地方陆海生态环境综合管理行动，开展重点区域、海域生态环境检查、督察和重大违法事件的处理，定期召开渤海治理省市和部门联席会议，就渤海保护与治理重大事项进行沟通和协调。推动建立环渤海地区重大项目部门会商制度，就各地方依据产业和城市发展需要投资建设的重大项目，进行多部门多层面的经济和环境综合决策协商，开展设立环渤海地区经济与环境综合协调机构的可行性研究。完善环渤海市长联席会议制度，按照陆海统筹的基本原则，将参与主体范围由现有的沿海地市向主要入海河流沿线地区拓展。建立津唐沧地区重大项目通报机制，建立环渤海北岸、南岸产业带项目省内协调与相关地市会商机制，协调重点区域内部不同地方发展的关系。

2. 加强对环渤海地区产业发展与布局的调控

一方面，加强对环渤海地区产业升级和结构调整的激励、约束与引导。尽快研究制定并实施关于环渤海地区产业结构优化升级的指导意见，以此为抓手，制定更加严格的产业负面清单和落后产能淘汰目录，以更加严格的环境约束促进钢铁、化工、水泥、有色冶金、平板玻璃、造纸等基础原材料产业的规模控制和效率提升，支持科技创新引领下的传统产业改造提升，积极推动“两化”（工业化和信息化）、两业（工业和服务业）融合和整备制造业高端化发展，鼓励和引导战略性新兴产业、节能环保产业、现代服务业、绿色农业加快发展，促进环渤海地区新旧动能转换和经济发展方式转变加快进程。

另一方面，强化对环渤海地区产业空间布局的综合调控。重视发挥区域规划对环渤海地区产业空间布局的引导作用，确保各区域经济发展目标和生态环境保护目标的精准衔接，产业发展按照规划设定的目标和方向健康有序推进，促进形成优势互补、合理分工的区域产业发展新格局。开展对环渤海地区主体功能区划、京津冀一体化发展及其他区域发展规划实施情况的评估与监督，并结合当前各区域经济发展趋势和渤海生态环境保护的新形式、新要求，适时、适度推动相关规划的调整和修编工作。从严审批环渤海地区高耗能、高耗水、高污染产业项目，严格控制重化工产业在主要入海河流沿线、沿海重要生态功能区和海洋生态环境重灾区的无序、无度布局。研究制定并实施环渤海地区沿海产业布局优化调整的方案，通过强有力的政策设计，重点引导渤海沿岸地带钢铁、石化、重型装备等重化工产业向资源环境承载力相对较高的地区转移集聚。

3. 强化对流域的综合管理

入海河流是海陆生态环境联系的重要纽带，对其的综合治理也是海洋环境保护与治理的最重要环节。渤海涉及黄河、海河、辽河三大流域，河流众多、涉及地域面积大、影响面广，流域内水资源管理、跨界河流的综合治理在渤海生态环境的管理中居于突出重要地位。以往的流域管理，流域委员会主导下的各流域水环境综合保护与治理已经具有一定的基础，也积累了一些成功的经验。在进一步完善加强现有举措的基础上，建议按照陆海统筹的基本思路，加快重点流域开发保护综合性规划的编制，研究制定更为严格的不同地区污水排放和用水分配方案，借鉴国内外经验研究建立主要流域生态补偿机制。流域生态补偿机制的建立可采用纵向为主、横向结合的思路进行，补偿的标准要综合考虑上下游经济社会发展水平、环境保护和生态建设的成本以及发展机会成本等方面的因素，同时要积极探索采用市场化手段推动不同地区之间排污权和水权的市场化交易。

4. 严格控制渤海海洋开发强度

总体来看，环渤海地区海洋经济发展的质量不高，海洋产业层次低、发展方式粗放，长期以来对海洋资源大规模掠夺式开发是造成海洋资源环境退化的重要原因。从未来国家海洋开发战略的走向来看，推动海洋开发空间由近岸向深水远海发展，不仅是我国海洋开发战略布局调整的需要，也是维护国家海上主权权益和安全的迫切要求。从这个意义上讲，在未来渤海生态环境保护与治理中，要将严格控制海洋开发规模与强度作为重要的选项，特别是要着眼于从生态保护和战略资源储备的双重需要出发，在严格技术论证的前提下适度减缓渤海油气资源开发的步伐，将油气开发重点向深水远海转移。在资源开发的管理上，要围绕渔业资源、港口资源、滨海滩涂等资源的开发，实施比其他沿海地区更为严格的管控制度，促进生态养护和资源开发方式的转变。此外，对新兴产业开发所引发的生态环境问题要做出超前预警，近期建议围绕环渤海地区海水直接利用和海水淡化产业聚集所带来的区域性海水升盐、升温等问题研究应对预案。

5. 加快推进渤海立法进程

国际经验表明，通过专门的区域法律制定与实施强化生态环境保护的刚性约束，是促进封闭性水域保护与治理的有效手段。目前，我国已颁布实施的涉及渤海治理的法律法规已有 70 多部，但是现有法律面向全部陆域和海域的居多、部门性和行业立法居多，或者针对性差、不能解决渤海保护与治理的特殊性难题，或者法律制定与实施的主体分散、管理范围划分过细、部分法律之间存在着适用范围和执法权责不清的问题。例如，在入海河流入海口区域管理范围的划分问题上，就存在着应该适用水利法还是适用海洋环境保护法的争论。另外，一些沿海地方也制定了诸多本辖区范围内海洋环境保护的法律，但其适用范围仅限于本地方管辖海域，难以涉及相邻省区和国家管辖海域的范围。总体来看，有关渤海保护与治理的现有法律层级偏低，迄今为止还没有一部国家层级的综合性、区域性渤海环境立法，这是造成渤海保护与治理刚性约束不足、统筹协调不力的重要原因之一。为此，国家应加快有针对性的法律制度建设，保障渤海治理目标的实现。一方面，建议根据新的形势变化对现有“环境保护法”“海洋环境保护法”及其他相关法律法规等全国和全海域普适性法律进行修订完善，同时针对渤海生态环境问题的特殊性进行有针对性的细化，特别是对陆源污染控制、渔业资源养护、围填海管理、海上溢油污染处罚等方面，在渤海海域实行更为严厉的规定。另一方面，建议加快推动“渤海环境特别保护法”的制定。作为区域性、综合性的法律，“渤海环境特别保护法”适用范围应该涉及渤海海域、沿海陆域和入海流域等大尺度空间范围。

主要参考文献

戴仕宝，杨世伦，郜昂，等. 2007. 近50年来中国主要河流入海泥沙变化［J］. 泥沙研究，(2)：49-58.

贾金生，袁玉兰，李铁洁. 2004. 2003年中国及世界大坝情况［J］. 中国水利，14(13)：25-33.

金显仕，赵宪勇，孟田湘，等. 2005. 黄、渤海生物资源与栖息环境［M］. 北京：科学出版社.

李干杰. 2020. 生态环境部部长在2020年全国生态环境保护工作会议上的讲话

[EB/OL]. http://www.mee.gov.cn/xxgk2018/xxgk/xxgk15/202001/t20200118_760088.html [2020-01-18].

李鹏，杨世伦，戴仕宝，等. 2007. 近10年长江口水下三角洲的冲淤变化——兼论三峡工程蓄水影响 [J]. 地理学报，62（7）：707-716.

梁斌，鲍晨光，于春艳，等.2019. 渤海生态环境状况与管理对策研究 [A].//中国环境科学学会. 中国环境科学学会科学技术年会论文集（第二卷）[C]. 北京：中国书籍出版社：690-696.

刘成，王兆印，隋觉义. 2007. 中国主要入海河流水沙变化分析 [J]. 水利学报，(12)：1444-1452.

刘庆斌. 2008. 环渤海的“圈”经济与资源环境承载力的博弈及化解机制 [J]. 环渤海经济瞭望，(04)：20-22.

马宏伟. 2021. 渤海海洋生态环境特征与整治策略 [J]. 黑龙江科学，(22)：158-159.

农业部渔业局. 1998. 中国渔业年鉴（1998）[M]. 北京：中国农业出版社.

王玉梅，丁俊新，张军. 2016. 渤海生态环境及其影响因素的演变特征分析 [J]. 鲁东大学学报（自然科学版），32（1）：66-73.

杨作升，李国刚，王厚杰，等. 2008. 55年来黄河下游逐日水沙过程变化及其对干流建库的响应 [J]. 海洋地质与第四纪地质，28（6）：9-17.

姚瑞华，王金南，王东. 2020. 国家海洋生态环境保护“十四五”战略路线图分析 [J]. 中国环境管理，(3)：15-20.

姚瑞华，张晓丽，刘静，等. 2020. 陆海统筹推动海洋生态环境保护的几点思考 [J]. 环境保护，(7)：14-17.

张灿，曹可，赵建华.2020. 海洋生态环境保护工作面临的机遇和挑战 [J]. 环境保护，(7)：9-13.

张晓丽，姚瑞华，严冬. 2020. 关于“十四五”海洋生态环境保护的几点思考 [J]. 世界环境，(4)：16-18.

中华人民共和国生态环境部.2021. 2020年中国海洋生态环境状况公报 [N/OL]. http://www.mee.gov.cn/hjzl/sthjzk/ [2021-05-26].

Tang Q S. 1993. Effects of long-term physical and biological perturbations on the contemporary biomass yields of the Yellow Sea ecosystem//Sherman K, Alexznder L M, Gold B O. Large Marine Ecosystem: Stress Mitigation, and sustainability [J]. AAAS

Press, Washington D C, USA: 79-93.

Yang, S L, Li M, Dai SB, et al. 2006. Drastic decrease in sediment supply from the Yangtze River and its challenge to coastal wetland management. Geophysical Research Letters, 33, L06408, doi: 10. 1029/2005GL02550.

第六章　国际海洋发展战略空间拓展

海洋是人类生存和可持续发展的共同空间和宝贵财富。随着经济全球化和区域经济一体化的进一步发展，以海洋为载体和纽带的市场、技术、信息等合作日益紧密，发展蓝色经济逐步成为国际共识，推动了海洋国际合作的加快发展。我国是海洋大国，在国际海洋发展领域有着广泛的利益，推进海洋发展国际合作已经成为我国拓展发展空间和保障国家安全的重要举措，是我国对外开放的重要组成部分。近年来，我国积极推进海洋开发国际合作，加快21世纪海上丝绸之路建设，全面参与国际海域资源调查与开发，不断提升参与国际海洋事务和全球海洋治理的能力，取得了显著成效。在新的历史时期，构建“双循环”新发展格局，要求进一步提升海洋在畅通内外循环中的纽带作用和在国家发展与安全中的支撑作用，赋予海洋国际合作更艰巨的任务和更重要的使命。

一、21世纪海上丝绸之路海上合作

“丝绸之路经济带”和“21世纪海上丝绸之路”是习近平总书记于2013年先后提出的致力于全球治理的重大倡议。共建“一带一路”倡议是我国从金融危机以来世界经济形势和亚太地缘关系的深刻变动出发，统筹国内国际两个大局，立足当前、着眼长远做出的重大决策，已经成为新时代我国推进全面对外开放的重要抓手。共建“21世纪海上丝绸之路”是在全球海洋意识不断觉醒的时代背景下，我国扩大国际合作朋友圈、营造和平稳定发展环境、顺应广大沿海国家发展需求、构建国际区域发展新格局的重要实践，已经和正在对世界经济发展产生深刻影响。海洋合作是共建21世纪海上丝绸之路的基础环节和重要内容。共建“一带一路”倡议提出以来，我国与广大沿海国家的海洋合作有了长足发展，合作规模不断扩大、领域不断拓展、层次不断提升、水平稳步提高，对共建21世纪海上丝绸之路起到了重要支撑作用，也为未来我国扩大国际海洋合作奠定了良好基础。随着最近几年共建“一带一路”由打基础向高质量发展迈进，国际海洋合作也需要进一步凝神聚力，谋求在重点领域的精耕细作和高质量发展。

（一）海上合作愿景

在2015年国家发布的《推动共建丝绸之路经济带和21世纪海上丝绸之路的愿景与行动》的基础上，为进一步与21世纪海上丝绸之路沿线国加强战略对接与共同行动，推动建立全方位、多层次、宽领域的蓝色伙伴关系，保护和可持续利用海洋和海洋资源，实现人海和谐、共同发展，共同增进海洋福祉，2017年国家发展和改革委员会、国家海洋局又特制定并发布了《“一带一路”建设海上合作设想》（以下简称《设想》），对共建21世纪海上丝绸之路海上合作的愿景做出了清晰谋划。

《设想》提出，中国政府将秉持和平合作、开放包容、互学互鉴、互利共赢的丝绸之路精神，遵循“求同存异，凝聚共识；开放合作，包容发展；市场运作，多方参与；共商共建，利益共享”的原则，致力于推动联合国制定的《2030年可持续发展议程》在海洋领域的落实，与21世纪海上丝绸之路沿线各国开展全方位、多领域的海上合作，共同打造开放、包容的合作平台，推动建立互利共赢的蓝色伙伴关系，铸造可持续发展的“蓝色引擎”。

《设想》提出，要重点建设三条蓝色经济通道：以中国沿海经济带为支撑，连接中国—中南半岛经济走廊，经南海向西进入印度洋，衔接中巴、孟中印缅经济走廊，共同建设中国—印度洋—非洲—地中海蓝色经济通道；经南海向南进入太平洋，共建中国—大洋洲—南太平洋蓝色经济通道；积极推动共建经北冰洋连接欧洲的蓝色经济通道。

《设想》提出，要围绕构建互利共赢的蓝色伙伴关系，创新合作模式，搭建合作平台，共同制订若干行动计划，实施一批具有示范性、带动性的合作项目，共走绿色发展之路，共创依海繁荣之路，共筑安全保障之路，共建智慧创新之路，共谋合作治理之路。

（二）海上合作进展

自共建“一带一路”倡议提出以来，随着共建21世纪海上丝绸之路相关规划、政策的制定落实以及与沿线国家合作机制的日趋丰富和完善，我国海洋水产品贸易以及港口建设、海洋产业发展、海洋资源开发等重点领域的国际合作呈现出明显的加快发展势头。

1. 港口基础设施建设合作步伐加快

港口作为重要的战略性基础设施，是共建海上丝绸之路的关键节点和重要载体。自共建“一带一路”倡议提出以来，中国企业加大了与沿线国家港口及物流设施的合作建设力度，通过兼并收购、特许经营、合资合作等多种形式加强了对海外港口的投资布局，取得了丰富的成果，为促进“一带一路”设施联通做出了贡献。根据中国港口协会2018年年底统计数据，我国已参与了全球34个国家42个港口的建设经营，海运服务覆盖海上丝绸之路沿线所有沿海国家。从港口合作建设项目的分布来看，近年来我国重点推动建设且成效显著的斯里兰卡科伦坡港、巴基斯坦瓜达尔港、以色列海法港、缅甸皎漂港、马来西亚巴生港、皇京港、埃及塞得港、毛里塔尼亚友谊港、坦桑尼亚巴加莫约港、吉布提港口、希腊比雷埃夫斯港等，基本覆盖了海上丝绸之路的重点方向。

希腊是“一带一路”进入欧洲的重要“桥头堡”，该国比雷埃夫斯港辐射北欧、黑海、亚洲和非洲等地，有“地中海第一港”之称，是我国推进海上丝绸之路港口合作的重要示范项目。早在2008年，中国远洋运输（集团）就与希腊签署了为期35年的特许经营权协议，并于 2010 年 10 月正式接管比雷埃夫斯港的 2 号集装箱码头。2014 年李克强总理访问希腊时，希方表示愿支持并积极参与中方提出的 21 世纪海上丝绸之路建设，合作建设好比雷埃夫斯港，搭建东西方交流合作的桥梁。2016 年希腊批准了中远集团收购比雷埃夫斯港 67%股权的计划。该合作项目符合双方共同利益，有助于把比雷埃夫斯港打造成为将亚洲的产品和服务输往欧洲的重要中转港，这也是双方政府和各界人士多年共同努力的结果，有利于希腊经济复苏，对推进 21 世纪海上丝绸之路建设具有重要意义，同时提供了良好的范例。

迄今为止，我国开展的海外港口合作重大工程建设呈现出三个特点：第一，与分布在海上丝绸之路沿线的世界级大港展开紧密合作，包括互相参股和港际合作等合作模式，形成港口合作网络的战略核心；第二，与分布在海上丝绸之路沿线的地方和区域型港口展开广泛合作，包括投资建港和兼并收购等合作模式，形成港口合作网络的战略支点；第三，与分布在海上丝绸之路沿线的石油、铁矿石等资源装卸型港口展开友好合作，包括投资参股、港口援建等合作模式，形成港口合作网络的有力补充，并保障中国的能源进出口安全，减少中国对马六甲海峡等关键能源通道节点的依赖度①。

2. *海洋产业合作规模不断扩大*

近年来，我国积极推进与海上丝绸之路沿线国家海洋渔业、海洋油气、海洋工程建筑、海洋装备制造、海洋交通运输、滨海旅游等海洋产业合作，取得了显著的经济与社会效益。

（1）海洋渔业合作。截至 2017 年年底，我国远洋渔业总产量达到 209 万吨，作业海域涉及太平洋、印度洋、大西洋公海海域和南极及 40 多个国家（地区）管辖海域，成立 100 余家驻外代表处和合资企业，建设 30 多个海外基地，与 20 多个国家签署渔业合作协定和协议，加入 8 个政府间渔业合作组织，渔业合作方式也由单一捕捞向捕

---

① 赵旭，高苏红，王晓伟．“21 世纪海上丝绸之路”倡议下的港口合作问题及对策［J］. 西安交通大学学报（社会科学版），2017（6）：66-74。

捞、加工和贸易综合经营转变①。我国与沿线国家已形成渔业科技交流互访机制，举办了诸如中国—东盟国家水产养殖产业发展研修班、非洲国家水产养殖技术培训班、巴基斯坦水产养殖技术培训班、发展中国家水产品贸易与市场开发培训班等各类培训班，并向沿线国家提供援外项目，如“中国—东盟现代海洋渔业技术合作及产业化开发示范”项目②。

（2）海洋油气业合作。“一带一路”沿线历来是我国油气资源进口的主要来源地，也是我国开展油气资源开发合作的重点地区。目前，我国在海上丝绸之路沿线地区的油气资源开发合作已经遍及东南亚（缅甸、新加坡、泰国、越南、马来西亚、文莱和印度尼西亚 7 国）、中东（沙特阿拉伯王国、伊拉克、科威特、卡塔尔、阿联酋和阿曼苏丹国 6 国）、南亚（巴基斯坦和印度 2 国）、非洲［埃及、肯尼亚、尼日利亚、阿尔及利亚、赤道几内亚、加蓬、刚果（布）、安哥拉、乌干达和马达加斯加 10 国］以及大洋洲（澳大利亚、巴布亚新几内亚、新喀里多尼亚和新西兰 4 国）等地区。我国当前与沿线国家的海洋油气产业合作主要围绕油气资源勘探开发、油气资源进口、工程技术服务输出和油气化工产品出口等方面开展。近年来，我国合作开展了圭亚那 Stabroek 超深水区块勘探、尼日利亚 Preowei-3 井深水气田评价工作，圆满完成了位于北极圈内的俄罗斯亚马尔液化天然气项目 85%的模块建设、7 艘液化天然气（LNG）运输船的建造、14 艘 LNG 运输船的运营，承揽了巴西海上浮式生产储卸油装置（FPSO）P67 和 P70 的设计、采办、部分模块建造、运输以及整船的集成、调试、拖航等工作，分别签订并运营缅甸 Zawtika Phase 1B 项目和卡塔尔 NFA 项目的设计、采购、建造和安装（EPCI）总包合同，国产沥

---

① 国家开发银行“海上丝绸之路战略性项目实施策略研究：重点国家的战略评估与政策建议”课题组．“21 世纪海上丝绸之路”背景下的我国海洋产业国际合作［J］．海洋开发与管理，2018（4）：3-8。

② 樊兢．“21 世纪海上丝绸之路”海洋产业合作研究——基于中国与 26 个沿线国家的实证分析［J］．改革与战略，2018（11）：93-101。

青“中海油 36-1”已成功出口欧洲、非洲和南美市场，成为德国奔驰、宝马、奥迪等企业在中国市场阻尼沥青的唯一供应商以及 2014 年巴西世界杯、2016 年巴西奥运会主场馆建设项目防水乳化沥青的供应商。2016 年“海洋石油 301”LNG 运输船采用期租的方式租赁给印度尼西亚 LNG 浮舱项目并实现续租，成为世界首艘充当浮式储存装置的 LNG 运输船，“海洋石油 301”所供应的液态天然气用于当地发电厂发电，累计为印度尼西亚减排二氧化碳约 108 万吨，氮化物排放减半，而且完全无硫化物排放，环保效益显著①。

（3）海洋工程建筑业合作。对外工程承包是我国近年来推动共建“一带一路”的重要合作手段。在海上工程建筑合作方面，除了上文述及的港口码头合作建设与运营之外，我国企业还积极承接了沿线一些国家跨海大桥、港城建设和围填海等工程业务，如连接马尔代夫马累至机场岛、横跨噶杜海峡的中马友谊大桥、连接文莱西部摩拉区和东部大摩拉岛的文莱大摩拉岛跨海大桥、连接克罗地亚陆地南端和佩列沙茨半岛的佩列沙茨跨海大桥、连接坦桑尼亚达累斯萨拉姆市与基甘博尼半岛的基甘博尼跨海大桥、斯里兰卡科伦坡港口城项目、马来西亚皇京港综合开发项目等。

（4）海洋工程装备制造业合作。受技术水平的影响，我国海洋工程装备制造业发展的基础能力比较薄弱，仍处于全球产业链的低端，但在传统海工装备如海洋工程船建造方面有一定的优势。近年来，在全球海洋工程装备市场低迷的大背景下，我国与海上丝绸之路沿线国家合作仍然取得了积极进展。2014 年，中国南车集团公司成功收购英国 SMD 公司，吹响了我国进军海外深海装备业的号角，有力地促进了我国海洋工程装备制造技术的高端化、产业化和国际化。2017 年中国承接 29 艘海洋工程船订单，总价值 13.1 亿美元，占 2017 年全球海

① 樊兢．“21 世纪海上丝绸之路”海洋产业合作研究——基于中国与 26 个沿线国家的实证分析［J］．改革与战略，2018（11）：93-101。

洋工程船订单总额的 54.8%①。由于传统海洋工程船市场萎缩明显，我国海洋工程装备制造企业近年来不断加强对高技术、高附加值的浮式生产平台和新型海洋工程船的创新突破，一些产品已经实现商业化生产和产品出口。例如，为比利时船东 Jan De Nul 制造了全球最先进的 6 000 吨抛石船，出口印度超大型气体运输船（VLGC），为新加坡 UDS 建造的饱和潜水支持船，为挪威萨尔玛集团制造的世界首座深海半潜式全自动智能三文鱼养殖平台，出口阿联酋自升式海工平台，出口澳大利亚全球最新型 17.4 万立方米 LNG 运输船，为荷兰 SBM Offshore 公司制造首艘 Fast4Ward 新型 FPSO 船体，交付给加拿大鹦鹉螺矿业公司用于巴布亚新几内亚海域采矿作业的全球首艘深海采矿船，交付给挪威船东 Ocean Yield ASA 的全球首艘 tri-lube 型 C 型储罐液态乙烯/乙烷气体运输船等。

（5）海洋交通运输业合作。围绕海上运输合作的机制化建设是近年来合作的重点方向。近几年，我国已与东盟、欧盟多个地区国家签订了双边海运（河运）协定，对相互间港口服务保障、简化行政审批和海关通关流程等做出了机制化安排。同时，中国—中东欧海运合作秘书处成立，国际海事组织亚洲技术合作中心在中国设立，中国—东盟港口发展与合作论坛建立和中国—马来西亚港口联盟成立等，也都为我国与相关国家间扩大海洋运输合作提供了机制保障。此外，我国沿海地方政府也围绕港口和海运合作做出了积极探索，如天津港已与墨尔本港、费城港等 13 个港口建立了友好港关系，上海航交所发布“一带一路”货运贸易指数和“海上丝绸之路”运价指数，深圳港与安特卫普港、巴塞罗那港、哥本哈根—哥尔默港等 14 个国际港口 2016 年共同签署《深圳宣言》，北部湾港口群已与 7 个东盟国家的 47 个港口建立海上运输合作，与东盟国家建立 29 条外贸航线等。

---

① 刘二森．全球海洋工程装备市场 2017 年回顾与 2018 年展望［EB/OL］．（2018-03-01）［2018-07-02］．http：//www.cssc.net.cn/component_news/news_detail.php?id=27164。

（6）滨海旅游业合作。自共建“一带一路”倡议提出以来，沿线旅游得到井喷式增长，对稳定世界经济增长形势发挥了重要作用。近年来，我国与海上丝绸之路国家不断加强旅游合作，建立了中国—东盟、中国—中东欧等一系列双边或多边旅游合作机制，成功举办了中国—东盟博览会旅游展、“海丝”国际旅游节、中国—东盟旅游年、中国—中东欧旅游年、“美丽中国—海上丝绸之路”等旅游推广交流活动，成立了海上丝绸之路旅游推广联盟，与泰国、印度尼西亚、缅甸、斯里兰卡、文莱、伊朗、斐济、阿联酋等多个国家实现了公民免签或落地签，有力地促进了海上丝绸之路国际旅游的发展。2017 年“一带一路”国家国际旅游人次约为 5.82 亿人次，占世界国际旅游人次的 44.02%，为全球重要的国际游客净流入地。根据中国旅游研究院数据显示，中国到“一带一路”沿线国家的游客人次逐年攀升，由 2013 年的 1 549 万人次，增长到 2017 年的 2 741 万人次，5 年间增长了 77%，年均增速达 15.34%。旅游业发展促进了中国与沿线国家贸易交往和文化交流，已成为推动“一带一路”建设的重要载体。

3. 海上贸易快速增长

近年来，我国与海上丝绸之路沿线国家海上贸易的快速增长。2018 年，涉海产品进出口贸易总额比上年增长 14.9%，较“十三五”期初增长了 35.0%，年均增速 16.2%。其中：出口比上年增长 10.8%，较“十三五”期初增长了 27.1%，年均增速 12.8%；进口比上年增长 35.1%，较“十三五”期初增长了 80.0%，年均增速 34.2%①。我国与海上丝绸之路沿线国家海上贸易总额同比增长 15.4%，较“十三五”期初增长了 30.1%，年均增速 14.0%②。

伴随着海上贸易的快速增长，海洋水产品贸易呈现出加快发展势

① 徐丛春，胡洁．“十三五”时期海洋经济发展情况、问题与建议［J］．海洋经济，2020（5）：57-64。

② 国家海洋信息中心．2019 中国海洋经济发展指数［EB/OL］．（2019-10-17）［2019-10-20］．http：//www.mnr.gov.cn/zt/hy/2019zghyjjblh/mtsy_34145/201910/t20191017_2471939.html。

头。2013 年共建“一带一路”倡议提出以来，我国与东盟、南亚、波斯湾、红海及印度洋西岸地区的水产品贸易呈现出明显的加快增长势头，尤以与东盟地区贸易表现最为强劲（图 6-1）[①]。有研究显示，2008—2016 年，我国与泰国、菲律宾、马来西亚、新加坡、伊朗、印度尼西亚、斯里兰卡、越南、埃及、以色列、南非、肯尼亚、阿拉伯联合酋长国和坦桑尼亚等 14 个代表性国家的水产品出口贸易额由 1.73 亿美元增长到 26.16 亿美元，年均增长率达 35.26%，水产品出口总额的比重均呈现出明显上升态势（图 6-2），且 2010 年以后年均增长率高达 72.23%，说明近十年来 21 世纪海上丝绸之路沿线国家和地区在中国水产品出口贸易中的地位越来越重要[②]。我国从海上丝绸之路沿线国家的水产品进口额从 2006 年的 3.17 亿美元增加至 2017 年的 16.68 亿美元，年均增长 18.06%，其中印度尼西亚、新西兰、澳大利亚、越南等传统渔业国家对我国水产品出口变化较大[③]。泰国、印度尼西亚、越南、印度、澳大利亚、新西兰等国是我国水产品进口的主要来源国，2017 年水产品进口额均在 1 亿美元以上，印度尼西亚、新西兰、澳大利亚甚至分别高达 3.4 亿、2.8 亿、4.0 亿美元。

4. 海洋科技创新合作取得积极进展

围绕海洋科技合作，在中国—东盟海上合作基金、中国—印度尼西亚海上合作基金、国家重点研发计划等国际合作项目的支持下，国内海洋科研单位与“海上丝绸之路”沿线国家开展了密切的海洋科学技术合作，在双边和多边合作框架内，建设了中国—印度尼西亚、中国—斯里兰卡、中国—巴基斯坦等多个国家级海外联合研究中心和实验室；建设了巴东、比通等海洋联合观测站；成功与泰国、印度尼西亚、斯里兰卡、巴基斯坦、柬埔寨、马尔代夫等国开展了联合海上调

---

① 陈旭，鄢波．中国与“一带一路”沿线国家水产品贸易概况分析［J］．现代商贸业，2021（19）：20-22。

② 孟芳，周昌仕．中国对“海上丝绸之路”沿线国家和地区水产品出口贸易影响因素的实证分析［J］．对外贸易，2018（5）：28-33。

③ 孟芳．中国与海丝沿线国家海洋产业合作的经济增长效应与政策研究［D］．2019。

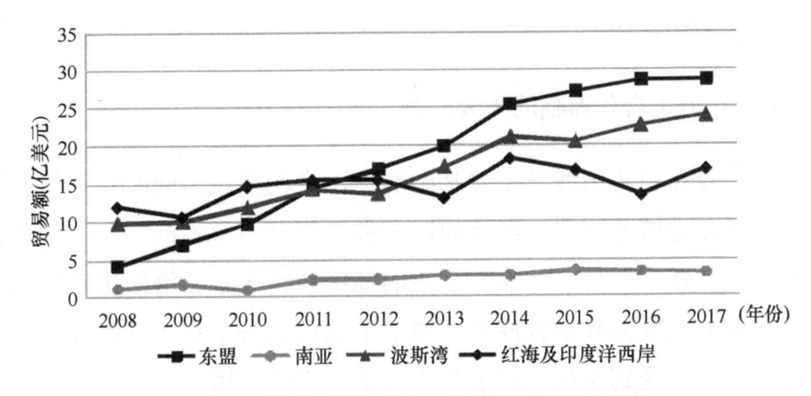

图 6-1 我国与部分地区水产品贸易额增长情况

资料来源：陈旭，鄢波．中国与“一带一路”沿线国家水产品贸易概况分析［J］．现代商贸业，2021（19）：20-22。

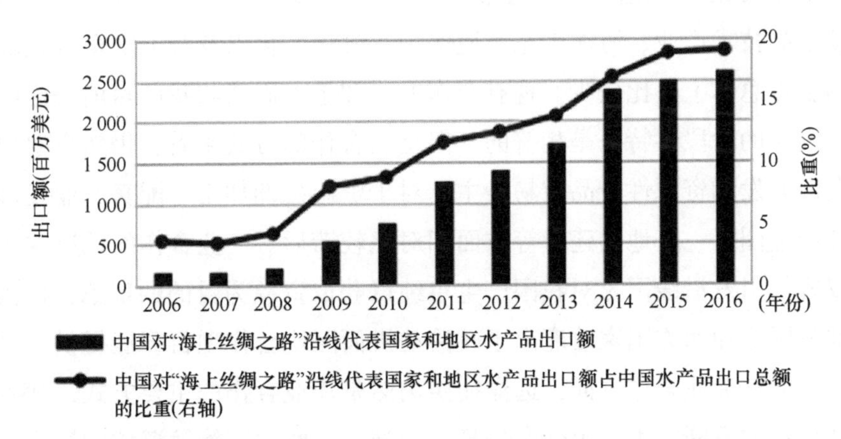

图 6-2 2006—2016 年中国对“海上丝绸之路”沿线代表国家和地区水产品出口规模及比重

资料来源：孟芳，周昌仕．中国对“海上丝绸之路”沿线国家和地区水产品出口贸易影响因素的实证分析［J］．对外贸易，2018（5）：28-33。

查作业；在东南亚国家装备了区域海洋环境预报系统；2006—2017年，在海洋生物技术与生物制品、海岸带灾害预警、热带生物多样性研究及其开发利用、人文海洋法律、可持续海水养殖等方面开展了 7 次发展中国家技术培训班，为相关发展中国家掌握海洋领域技术起到了重要的推动作用①。

（三）海上合作面临的主要问题

海上合作受我国海洋发展基础能力不足的限制，同时由于海上丝绸之路涵盖地域范围广，涉及的国家和地区众多，不同国家之间发展水平差异悬殊，而且一些地区复杂的地缘政治关系、沿线国家历史上遗留下来的民族种族宗教冲突、领土争端以及海上划界和海洋权益争端使海洋合作受到文化、政治等非经济因素的干扰。

1. 海上合作的层次有待提高

从当前我国与海上丝绸之路沿线国家海上合作的现状来看，在领域上主要集中在港口、渔业、油气、旅游等传统产业领域，海洋科技、高技术产业、海洋生态环境保护、海洋文化以及海上安全等领域的合作总体上还比较少。现有合作方向和重点固然与我国目前海洋经济发展的阶段性特征是相符的，但是从合作的方式来看，仍然主要以资源开发和资源性产品贸易为主，对于资源延伸加工、配套产业发展和产业园区、基地的建设等方面相对比较滞后。产业合作的低层次不仅容易引发沿线国家对我国产生单纯以获取资源为目的的疑虑，也为部分国家和西方国家政府出于政治动机而阻挠合作项目开展提供了借口。如在渔业合作方面，远洋捕捞仍然是渔业合作的主要方式，随着捕捞量的不断扩大，国际竞争日趋激烈，一些国家管辖海域的过度捕捞已经引发对渔业资源衰退的担忧，部分国家开始通过实施捕捞许可证制和严格休渔期等加强对海洋渔业资源的保护；在我国周边海域我国渔民被他国以“非法捕捞”为名监禁、罚款、没收渔船渔获，甚至渔业涉外事件频繁发生，导致我国与相关国家关系紧张，恶化了海上丝绸之路建设的区域国际环境。又如在港口合作建设方面，从我国近年来重点推进的港口建设合作项目来看，多数都属于港口码头的新建

---

① 李宇航，王文涛，李晓敏，等．我国海洋科技发展与“一带一路”国家合作研究[J]．海洋技术学报，2019（3）：100-106。

扩建工程，而对于港口所在国比较关心、能给当地带来直接经济利益的港城、临港产业园区建设等相对比较滞后，从而降低了东道国的获得感，也增加相关国家和一些西方国家对我国以港口建设合作为名实施战略扩张的疑虑，这也是部分建设项目动辄被叫停的一个重要原因。油气资源开发的合作也在一定程度上面临类似的问题。

2. 海上合作机制建设和标准规则“软联通”滞后于海上合作实践

共建“一带一路”倡议是我国提出的致力于全球治理的公共产品，而合作机制建设是其公共产品属性的具体体现。有效的合作机制有利于明确参与方的权利与义务，约束各方在合作框架下的经贸合作行为，也有利于规避部分国家出于短期经济利益的搭便车行为。

目前“一带一路”建设的对外合作机制基本上是以“一”（中国）对“多”（沿线国家）合作格局下的双边合作机制为主导，涉及多边合作真正有效发挥作用的机制不多，涵盖沿线所有国家和地区的统一合作机制建设尚未进入议事日程。两年一届的共建“一带一路”国际合作高峰论坛作为“一带一路”框架下最高层级的对话机制，虽然在谋求国际社会共识、扩大“一带一路”倡议影响力、推动全球治理体系变革等方面发挥了积极作用，但是论坛相对松散的组织形式和成果文件的软约束力决定了其难以对“一带一路”建设产生决定性支撑作用。缺乏统一有效和具有约束力的合作机制也是近年来我国在“一带一路”沿线国家投资建设的部分项目动辄被叫停或终止的一个重要原因。随着共建“一带一路”合作“朋友圈”的不断扩大，合作机制对扩大经贸合作、稳定合作网络关系的重要性更加凸显，特别是在一些发达国家也陆续参与的形势下，如何在不划定“朋友圈”的前提下保障一定范围合作关系的稳定性，是否通过某种形式的机制明晰参与国的责、权、利关系等，正在成为迫切需要破解的重大命题。特别是新近以来，受“新疆棉花事件”影响，立陶宛宣布退出中国—中东欧“17+1”合作机制、澳大利亚宣布撕毁维多利亚州政府与我国签署的“一带一路”合作谅解备忘录和框架协议等，都在一定程度上表明共建“一带一路”必须尽快由强调扩大“朋友圈”向注重建立稳定有约束力的合作机制转变。

在海上合作方面，随着2020年由包括中国、日本、韩国、澳大利亚、新西兰和东盟十国共十五方成员制定《区域全面经济伙伴关系协定》（RCEP）的签署，标志着当前世界上人口最多、经贸规模最大、最具发展潜力的自由贸易区正式启航，必将对我国与海上丝绸之路沿线国家海上合作产生重要推动作用。但是应该看到，《区域全面经济伙伴关系协定》作为一般意义上的贸易自由化和投资便利化协定，毕竟对海上合作的具体内容涉及不多，特别是对当前我国与周边国家间迫切需要解决的渔业、海上交通、生态环境保护难以兼顾做出针对性的制度安排。尽管近年来我国与沿线国家围绕港口合作、渔业合作、旅游合作等方面进行了积极探索，但总体来看，现有合作机制比较分散，具有双边为主、多边为辅的特征，区域性合作机制欠缺、法定约束力不足是多数机制面临的共同问题。以我国与东盟国家的渔业合作机制为例，目前多为国家间和政府间的对话机制，并无实质意义上的法律机制，而且主要以“备忘录”形式作为工作开展的依据，受政治因素影响大，不能保障渔业合作的稳定性；从现有合作机制所涉及渔业合作的具体内容来看，多边性质的《区域全面经济伙伴关系协定》只是涉及渔产品贸易自由化，就是具有法律约束力的《中越渔业合作协定》也仅局限于海洋捕捞方面的合作，中国—菲律宾、中国—马来西亚、中国—印度尼西亚也仅仅只有“备忘录”形式的双边国家针对渔业合作的协调机制，这些机制都没有涵盖作为近年来海洋合作重要拓展方向的海水养殖的内容，更没有涉及海洋渔业资源养护和管理的内容①。港口合作缺乏长期性的合作平台作为支撑，港口合作机制、合作模式、合作平台的探索和建设明显滞后于港口合作行为

① 陈盼盼．“21世纪海上丝绸之路”背景下 中国—东盟渔业合作法律机制的构建［J］．中华海洋法评论，2019（2）：72-94。

的开展，在港口合作基础不稳定的前提下，缺乏支撑的港口合作行为具有一定的脆弱性①。

与此同时，随着经济全球化深入发展，规则与标准已成为开展国际合作的重要前提，更成为西方发达国家设置隐形贸易壁垒、限制市场准入的重要手段。与海上合作机制建设滞后相同，针对产品贸易、跨国海上运输便利化、海上投资、海洋生态环境保护等方面的标准、规则等对接不够，也是海上合作必须重视的重要问题。

3. 沿线国家政局和地缘政治形势干扰海上合作进程

海上丝绸之路沿线国家众多，不同国家经济发展差异明显，东南亚、南亚、中东地区大部分国家为新兴经济体，经济发展落后但发展潜力大，非洲地区经济发展严重滞后，不同的经济发展基础使不同国家对待海上丝绸之路的态度和策略选择不同。部分国家国内政治形势不稳定，政党纷争和政权更迭频繁，不同政治派别出于政治目的阻挠合作项目建设进程的事件时有发生，加之项目建设涉及复杂的法律、土地、环境等社会问题也可能激化重大风险，成为东道国政府主动或被动中止项目的借口，严重影响我国与沿线国家间合作的稳定性与连续性。与此同时，沿线部分国家之间关系紧张，历史上遗留下来的领土、民族、种族、宗教冲突使地缘政治格局十分复杂矛盾重重，中东、非洲等地区还存在涉及多国介入的热点冲突问题，这对我国与这些国家的合作受到制约。如在南亚地区，印度与巴基斯坦长期对峙，印方对我国与巴基斯坦合作开发瓜达尔港和推动中巴经济走廊建设横加指责并极力阻拦；在海湾地区，教派对抗和地缘政治斗争由来已久，西方大国搅局加剧矛盾和冲突，部分国家间的军事和政治冲突经常演化成地区性动荡；在地中海地区，土耳其与希腊长期对峙，摩洛哥与阿尔及利亚关系紧张。沿线部分地区，特别是我国对外贸易和能源运输重要通道沿线，海盗、海上恐怖主义、海上跨国犯罪等非传统

---

① 赵旭，高苏红，王晓伟．“21 世纪海上丝绸之路”倡议下的港口合作问题及对策[J]. 西安交通大学学报（社会科学版），2017（6）：66-74。

安全问题，也是海上合作的突出制约因素。

我国综合国力的提高和共建“一带一路”倡议影响力的不断扩大引起美国等西方国家的恐慌，它们加快通过舆论抹黑、战略对抗、贸易制裁等手段加强对我国的遏制。在舆论层面，自从共建“一带一路”倡议提出以来，西方国家针对一些重点项目建设的负面论调就不绝于耳，“中国版的马歇尔计划”“地缘政治扩张的工具”“债务陷阱论”“环境破坏论”等曾经一度尘嚣日上、目前仍没有停歇，对沿线国家地区接受倡议、参与合作以及一些合作项目建设的顺利开展产生了一定的干扰作用。在战略层面，从特朗普政府到拜登政府，美国以整合地区战略力量、遏制中国崛起为目标的“印太战略”一定程度上已实心化和常态化，无论是安全方面加紧打造“亚太版北约”、经济方面加速拼凑排斥中国的全球经贸体系、外交方面企图构筑联合制衡中国的“民主国家同盟”，都将在一定程度上恶化我国周边的安全环境、削弱周边国家对我国的信任基础、增加周边国家选边站的风险、抬高我国与周边国家经济合作的成本①。

4. 海上合作的国内统筹协调不足

国内统筹协调是共建“一带一路”倡议实施以来一直面临的一个突出问题，这其中既有我国特殊的部门管理体制的原因，也有相关机制建设滞后的原因。海上合作的国内统筹协调问题既有“一带一路”建设的共性，又有自身特殊合作领域的个性特点。

从共性来看，受体制部门管理体制局限和机制不健全的影响，中央各部门在对外交流中各自为战，对“一带一路”建设重点领域和重点项目协调管理不足，导致资源分散、难以形成对外合力，生产性网络配置、人文交流和基础设施建设合作不协同、在空间布局上相互脱节，也引发了系列政治、经济和社会问题，这一问题在一些经济走廊建设过程中已经有所凸显；不同省市各自为政，在国际产能合作、基

---

① 罗圣荣，赵祺. 美国“印太战略”对中国-东盟共建“21 世纪海上丝绸之路”的挑战与应对［J］. 和平与发展，2021（3）：115-138。

础设施建设项目合作等方面无序竞争，不仅不利于维护及扩大我国在“一带一路”建设中的形象和切实利益，而且增加了项目投资建设的风险；政策设计缺乏系统性，政策“不接地气”或难以落地，特别是对地方对外交流合作的事权下放不到位，导致我国与沿线国家在跨境合作建设模式、优惠政策不对等，运输便利化和人员往来受到很大限制，合作项目推进滞缓，对民营企业走出去的支持力度不够，也是当前存在的突出问题。

从海上合作的个性特征来看，海上丝绸之路合作得到了沿海地方的积极响应，但是由于缺乏宏观层面上的统筹安排，各地方各自为政，在区域功能定位、海上合作重点方向的选择上大体雷同，主要集中在港口、渔业、旅游等方面，区域特色和优势凸显不够，合作对象区域重叠，地方之间、企业之间无序竞争的问题普遍存在，这在港口合作方面表现得尤为明显。从港口功能定位看，在海上丝绸之路建设中，各沿海港口纷纷将自己定位为海上丝绸之路的始发港、关键节点，港口功能定位、依托腹地相互重叠，加上国家层面缺乏对港口功能定位的统一规划安排，造成港口之间竞争激烈，无法形成对外合作的合力。从港口对外合作的方向看，现有合作主要围绕地理位置重要或建设滞后的特定港口展开，战略指向性不明确、随机性强，缺乏与对我国能源运输通道安全保障意义重大港口的合作，覆盖空间范围广、彼此密切联系的港口合作网络尚未建立。从港口合作主体看，目前主要是国内大型港口航运企业，而且多数为国有企业，缺乏与类型生产型企业合作，港口建设、海上经贸合作园区建设、海上人文交流等方面的不协同，也是造成港-产、港-城合作脱节的重要原因。

（四）海上合作的思路与重点

顺应保障国内经济安全、促进涉海优势产能走出去、加快海洋经济结构性转型升级的战略需求，针对当前海上合作面临的突出问题，未来海上合作既要在创新方式、提高层次、拓展空间上做文章，同时要着眼当前、立足长远，突出合作机制的保障作用，重视通过加强人文交流提升沿线国家的认同感，并以海上丝绸之路海上合作为契机为周边海域合作与稳定营造良好环境。

1. 加快港口互联互通合作和海上战略支点建设

港口是海上合作的重要载体，港口基础设施互联互通对海上丝绸之路建设起着先导性作用。要以《设想》所提出的中国—印度洋—非洲—地中海、中国—大洋洲—南太平洋、北冰洋连接欧洲的三条主要蓝色经济通道为重点方向，加快沿海地区港口资源整合和对外开放功能布局优化，重点突出与我国对外贸易和重大战略物资运输关键通道战略性港口的合作，打造海上合作战略支点，带动港口合作空间布局优化和网络体系的形成。综合考虑区位条件和能源运输通道安全和产能合作的需要，可以选择巴基斯坦的瓜达尔港、斯里兰卡的科伦坡港、马来西亚的巴生港、新加坡港、埃及的塞得港、沙特的吉大港、泰国的林查班港和曼谷港、柬埔寨的西哈努克港、印度尼西亚的丹戎佩拉港和丹戎不碌港、阿联酋的迪拜港和沙迦港等，作为港口合作的优先选择①。充分考虑沿线不同地区、不同国家港口、经济发展基础与需求，因地制宜选择港口合作模式，通过合作建港、港口租赁运营、与港口城市间战略合作关系搭建等多种方式，参与沿线国家港湾资源开发，支持国内企业在沿线国家港口城市建立港口物流、海外贸易和补给基地。以港口投资建设和运营合作为先导，结合产能合作的需要，支持港口航运企业和物流、贸易、生产加工等类型企业抱团走出去，拓展港-产、港-贸、港-城、港-旅多元化合作模式，丰富港口合作的内涵，通过促进当地发展经济和扩大就业增强东道国的获得感，降低港口建设合作的阻力与风险。

① 左世超. 21 世纪海上丝绸之路战略支点港口选取研究［D］. 2018。

2. 资源开发和加工利用并举，提高渔业、油气等海洋资源开发合作水平

从保障国家重大战略物资供应安全的视角来看，渔业、油气、矿产等海洋资源开发合作仍将在海上合作中占有重要地位，而推动海洋资源开发合作由目前的资源获取为主向就地加工利用增值并重转变，应该成为当前海洋资源开发必须遵循的基本思路。要重点突出渔业和油气资源开发合作。

发挥我国海洋水产大国的优势，以当前我国实施海洋渔业结构调整为契机，积极开展与沿线国家海洋生物资源开发的合作，合作组建海洋渔业企业，建立一批海洋渔业、特别是海洋水产养殖、加工和贸易基地，促进远洋渔业由以捕捞为主向捕捞、养殖业、水产加工并重发展，并为我国海洋渔业发展拓展新的空间。适应“双循环”新发展格局构建，以挖掘内需市场潜力、扩大进口为基本方向，积极促进我国与沿线国家的海洋水产品贸易发展，回应沿线国家对不断扩大的贸易逆差的关切。

高度重视油气资源开发利用合作，积极参与沿线国家海洋油气资源开发，促进能源来源的多元化，保障我国油气资源供应安全。海上丝绸之路沿线油气资源丰富，是全球油气勘探开发最活跃的地区，深水油气已取得了重大突破，但是部分地区勘探程度较低，发现的油气田较少，勘探潜力巨大①。据英国石油公司 2016 年 6 月发布的《世界能源统计报告》，2015 年沿线国家（主要统计东南亚和南亚国家）石油、天然气探明储量分别约为 50 亿吨和 11.4 万亿立方米，分别占全球的 2.1%和 6.1%；石油、天然气产量分别为 3.6 亿吨和 4 610 亿立方米，分别占全球的 8.4%和 13%；石油、天然气消费量分别为

① 王建强，赵青芳，梁杰，等，海上丝绸之路沿线深水油气资源勘探方向［J］．地质通报，2020（203）：219-232。

10.6 亿吨和4 790 亿立方米，分别占全球的 24.4%和 13.8%①。近年来，我国与沿线国家在油气贸易、油气管道、油气项目开发等领域积累了较为丰富的合作实践经验，并已建立了较为良好的合作关系。未来要紧跟世界能源市场东移的趋势，充分发挥我国在油气资源开发方面的资金和技术优势，进一步巩固和加强我国与东南亚、南亚地区油气资源开发合作关系，深入挖掘与东非地区在油气资源勘探、开发等方面的合作潜力，不断加强与周边国家的陆海油气资源运输基础设施建设合作，在“搁置争议、共同开发”的前提下积极推动争议海域油气资源开发，着力优化我国海上油气资源开发合作战略布局。积极寻找我国与沿线国家油气资源开发合作的战略契合点，充分考虑沿线不同国家对油气资源开采、供应及其支撑经济发展的合理关切和需求，因地制宜选择油气资源开发合作的方式与重点，实现“利益共享、风险共担”，保障各方油气安全。坚持能源输入与能源输出并举、“上游”合作与“下游”合作并举，在稳定油气资源进口、加大油气资源战略储备的同时，加强油气先进技术输出、装备输出、工程建设输出和资本输出，通过在沿线国家布局建设油气资源勘探开采基地、石化产业园区、油气产品物流贸易园区等，延伸油气合作下游产业链，提升油气资源合作的广度与深度，带动当地就业、基础设施完善和经济发展。逐步改变油气资源开发合作“国有独大”的格局，支持更多民营企业走出去参与国际海上油气资源开发。

3. 以科技合作为引领加快海洋高技术产业发展合作步伐

针对沿线多数国家海洋科技发展水平低、海洋开发科技支撑力不足问题，围绕国家海洋资源开发和产业发展适用技术及海洋管理、海洋环境保护等领域的通用技术，加强和海上丝绸之路沿线国家合作，在促进沿线国家海洋开发科技支撑能力提升的同时，引领我国海洋经

① 蔡振伟，林勇新．油气合作与 21 世纪“海上丝绸之路”建设［J］．经略海洋，2016（7）：44-46。

贸合作层次的提升。

加强海洋科技基础能力建设合作。积极开展面向海洋基础前沿科学领域合作，围绕全球气候变化、海洋生态系统维护、海洋生态环境保护修复与治理、海洋灾害预报预警与防治等人类面临的共同难题深入开展联合研究，着力解决沿线国家间的跨区域海洋科学问题。重点突出海洋观测监测、海洋信息和现代海洋开发技术装备研发等方面的技术创新合作，谋划并实施一批多边、双边重大科技合作计划和专项，深入开展科技项目合作。发挥海洋科技计划、专项和项目的带动作用，加快与沿线国家共建联合研究中心、实验室、观测站等平台载体，促进海洋科研重大基础设施深度开放，带动海洋科技交流和人才联合培养。加强与发达国家和技术领先国家的合作，通过整合第三方资源弥补我国与沿线国家海洋开发技术能力上的不足。

以海洋科技合作为引领，发挥我国在海洋现代化养殖、海洋船舶制造、海洋工程装备、海洋生物资源综合利用、海洋油气资源开发、海水淡化和海水直接利用、海洋新能源开发、海洋新材料制造等方面的技术和产业基础优势，扩大技术输出和相关技术工程装备出口，加快海洋传统优势产能转移和海洋战略性新兴产业走出去步伐，带动海上合作层次及质量效益的提升，促进我国海洋经济结构升级。

4. 推动海上人文交流、生态环境保护和安全合作与经贸合作协同发展

人文交流与合作滞后是“一带一路”建设的共性问题，海水的流动性、海洋生态系统的复杂性及其对海洋开发活动响应的敏感性也决定了海洋生态环境保护对海上合作具有重要影响，海上安全特别是非传统安全更是海上丝绸之路所面临的重大障碍。因此，必须将人文交流、生态环境保护和安全等非经贸领域的合作作为未来海上合作的重要内容更加予以重视，促进其与海上经贸合作协同发展。

人文交流是海上丝绸建设的重要内容，也是促进沿线国家间民心相通、增强合作共赢发展理念认同的重要手段，而海洋文化交流在其

中具有举足轻重的地位。在当前共建“一带一路”面临的国际局势日趋复杂、外部环境趋紧的大形势下，增强国际传播力已经成为应对西方国家战略围堵的重要手段，海上人文交流也应该将讲好中国海洋故事、传播好中国海洋声音、形成与海洋大国身份相适应的国际话语权作为重要任务，更加主动地向沿线国家宣传我国的海洋发展观、海洋文明观、海洋安全观、海洋生态观、国际海上秩序观和全球海洋治理观，多渠道、多形式传播中华海洋文化，共同保护全球海洋文化遗产，不断增强与沿线国家的海洋文化价值观认同，激发沿线国家共建海洋命运共同体的积极性和主动性。正确处理海上人文交流与基础设施互联互通、经贸合作的关系，围绕海上丝绸之路重点通道、重点区域和重点国家，统筹做好科技、教育、文化、卫生、旅游等方面软力量的精准投放。着力解决港口基础设施、经贸合作园区等合作建设中对民生问题关注不够、投入不足的问题，加大援助支持公用设施建设和社会民生项目尤其是小型民生项目比重，确保人文交流同步或适度领先于基础设施建设和经贸合作项目建设，提高当地社会团体及民众对共建“一带一路”的获得感及认同感。重视强化和发挥华侨文化的纽带作用，加强与海外华侨领袖和侨社接触，进一步挖掘侨资侨智，围绕“两新”（新华侨华人、华裔新生代）、“两重”（重点侨团、重点人物）资源，推动建立“一带一路”华商协作网，引导华侨群体积极参与海上丝绸之路建设，使侨文化成为推动海上合作的重要力量。

加强海洋生态环境保护合作，共建绿色海上丝绸之路。积极引导海上丝绸之路沿线国家共同树立海洋生态文明、绿色发展的理念，加强我国在海洋开发与保护方面的经验、模式和技术的对外交流，与沿线国家共同应对海洋生态环境保护难题。重视渔业资源养护合作，培养适度、有序、合理开发海洋渔业资源和共同有效保护资源环境的意识，严格遵守沿线各国保护渔业资源的有关规定，有效管控非法、越界捕捞的行为。积极开展多种形式的海洋生态环境保护合作，加强与沿线各国在海洋观测监测、海上气候变化、海洋灾害综合防御体系建设等方面交流和信息共享，推动海洋污染合力治理，共建海洋国际生态保护区。落实“21 世纪海上丝绸之路沿线国家蓝碳合作计划”倡议，积极推进国际蓝碳合作研究、蓝碳生态系统合作监测，促进蓝碳合作融资和蓝碳市场共同构建，共同应对全球气候变化①。

重视海上非传统安全合作，共建安全海上丝绸之路。海上丝绸之路建设面临着海上恐怖主义、海上非法活动、公共卫生安全、海洋自然灾害、海洋环境污染和生态破坏等海上非传统安全威胁，这些威胁具有突发性、跨国性、复杂性特点，中国应承担好大国责任，加强与沿线各国的合作，实现共同安全，为新海上丝绸之路营造良好的发展环境②。海上非法活动和恐怖主义是海上航行安全的最大威胁，需要加强区域和国际合作来共同应对。一方面，应拓展打击海盗的区域或国际合作范围，在马六甲、亚丁湾等海盗活动较频繁的海域，开展有关国家海上安全力量的联合护航；另一方面，推动建立打击海盗行为的国际法律框架，通过国际公约和法律条约明确各有关国家在打击海上犯罪活动中的责任与义务③。

5. 加强海上国际合作机制建设和国内统筹协调

海上国际合作机制完善需要放在“一带一路”大的合作机制框架下去统筹谋划，目前可考虑以我国主办“一带一路”国际合作高峰论坛为契机，依托高峰论坛咨询委员会和论坛联络办公室等，探索将“一带一路”国际合作高峰论坛转化为国际合作机制。区域合作是共建“一带一路”国际合作中不可或缺的一环④，也理应成为国际合作

---

① 张偲，王淼．海上丝绸之路沿线国家蓝碳合作机制研究［J］．经济地理，2018（12）：25-59。

② 李骁，薛力．21 世纪海上丝绸之路：安全风险及其应对［J］．太平洋学报，2015，23（7）：50-64。

③ 扈琼琳．21 世纪海上丝绸之路面临的非传统安全问题研究［J］．江汉大学学报（社会科学版），2017（3）：76-80。

④ 郑凡．从海洋区域合作论“一带一路”建设海上合作［J］．太平洋学报，2019（8）：54-66。

机制建设的重要方向。对海上丝绸之路海上合作而言，当前要继续加快《区域全面经济伙伴关系协定》（RCEP）落实进程，该协定虽然已经签署，但根据协议规则，只有东盟十国中至少六国、五个东盟外伙伴国中至少三国完成各国立法机构批准程序，RCEP 才算正式生效，“10+5”国家还需再接再厉，让已获得“准生证”的 RCEP 平安“顺产”。同时，要充分认识到 RCEP 在促进海上合作方面所具有的局限性，从区域合作视角加快海上合作专门性合作机制的建设，使之与一般性自由贸易协定相互补充，共同稳定海上合作的区域关系网络，特别要突出三大蓝色经济通道沿线区域和南海周边区域合作机制的建立。一方面，要结合自由贸易区战略的实施，围绕海上投资便利化和贸易自由化，加快重点地区自由贸易区的谈判和建设进程；另一方面，重点围绕港口合作和海上交通运输便利化、海洋渔业资源开发与养护、海上油气资源开发、海洋生态环境保护、海上非传统安全应对等方面，以区域合作为主要方向，拓展和完善现有合作机制，以双边带多边，推动海上合作专门性区域合作机制的建立，以机制建设助力海上合作规则、标准的对接。区域合作机制的建立要统筹考虑有效性和合法性，既要体现高效执行和有效惩戒的约束力，也要保障成员国之间的地位平等、利益均沾、共同决策①。此外，在三大蓝色经济合作通道方向，有超过 20 个现有区域性海洋合作机制，如在海洋环境保护领域的东亚海行动计划、南亚海行动计划、红海及亚丁湾环境项目、科威特行动计划、《保护、管理及开发东非区域海洋及海岸环境内罗毕公约》、地中海行动计划、东南太平洋行动计划、北冰洋有北极理事会，在渔业资源管理与养护领域的印度洋金枪鱼委员会、南印度洋渔业协定、地中海渔业总委员会、南太平洋区域渔业管理组织、中西太平洋渔业委员会、太平洋岛国论坛渔业局，在海洋科学研究领域的地中海科学委员会、北太平洋海洋科学组织，在海上安全领域的

---

① 刘鹏，胡潇文．国际机制视角下的“21 世纪海上丝绸之路”建设［J］．印度洋经济体制研究，2017（3）：1-22。

《关于制止西印度洋与亚丁湾海盗和武装劫船的行为守则》（简称《吉布提行为守则》）等。这些机制在不同功能领域上界定了相应的“功能区域”，与《设想》中的原则与合作重点高度契合，我国可考虑利用观察员国身份或通过提供资金支持、技术与能力培训等方式积极参与①。

建立健全国内推进机制，加强对国家、地方和企业层面的统筹协调，促进资源整合和各领域合作协同发展。在国家层面上，进一步加强和完善“一带一路”建设领导小组的职能，加快重大事项和项目决策会商、信息通报和规划评估等方面的制度建设，加强对项目融资支持、风险防控等政策的研究，着力增强组织协调、重大事项决策和应变能力；以《设想》为指针，研拟制定海上渔业合作、交通运输合作、油气资源开发合作、产能合作等重点领域的实施方案或指导性意见，加强对海上合作的指导和引导；完善重大合作项目实施运作机制，依托“一带一路”建设促进中心承担“一带一路”建设项目管理职能，整合分散在各部委和政策性、开发性金融机构的“一带一路”项目库，多部门联合研究制定“一带一路”重大项目战略优先级和风险评级体系。地方层面上，加强对沿海地区参与海上合作的统筹协调和指导，明确各地在海上丝绸之路建设中的功能定位，加强对地方参与“一带一路”建设的指导，建立自上而下监督评估机制，防止各地在参与合作中定位重叠交叉、项目重复投入、恶性竞争等问题。在项目和企业层面上，发挥政策引导作用，适度控制我国在海上丝绸之路沿线港口基础设施建设投资的节奏和规模，加快产业特别是优势制造业和服务业协同走出去的步伐，推动海上经贸合作区高质量发展，引导走出去企业向已建经贸合作区集聚，加强对已建重点经贸合作区的资金和政策支持力度，以分散、减轻园区和企业初期投资的压力和风险；整合中央企业、地方国营企业和民营企业力量，加强对

① 郑凡．从海洋区域合作论“一带一路”建设海上合作［J］．太平洋学报，2019（8）：54-66。

参与海上丝绸之路建设项目相关企业的监管和评估，积极引导社会资本参与政府发起设立的“一带一路”建设相关基金，鼓励社会资本采取市场化方式建立海上丝绸之路建设投资基金，加强对民营企业参与海上合作的政策支持；从加强中国企业的本土化、满足企业自身发展和促进人文交流的双重需求出发，采取一定的激励约束手段，统筹企业投资经营和社会责任担当，促使企业在确保投资经营顺利进行的前提下，在教育培训、医疗卫生、生态环保等方面承担更多的社会责任。

6. 加强对外交流和产业链供应链捆绑“双拳”出击，稳定周边海上局势

南海问题的形成有复杂的历史原因，而现实形势下南海问题的复杂化是以美国为首的西方国家无端介入、不断搅局的结果。从近年来南海局势的发展变化来看，新一届拜登政府全盘接受特朗普政府的对华消极贸易政策，美中贸易争端常态化，而且欧美国家利用炒作我国新疆、西藏等少数民族地区人权问题强化同盟关系，打压和冲击我国纺织服装、光伏等产业链，同时通过加强对东南亚、南亚国家的基础设施建设和产业合作深化经贸合作关系，削弱周边国家对我国市场和产业链供应链的依赖。针对这种形势，我国应该遵循加强对外交流和经济合作并重的“双轨化”思路，稳定我国发展与安全周边海上环境。在对外交流方面，要通过加强高层互访和政府部门间交流增强我国与南海周边国家间的政治互信，积极推动“南海行为准则”早日达成并得到落实；重视发挥民间外交的积极作用，通过不断扩大我国与南海周边国家的人文交流与合作，增强各国人民间的文化和价值观认同，为南海局势的稳定营造良好的社会氛围。在经济合作方面，利用我国与南海周边国家良好的经济合作基础，以扩大进口和加快走出去优化我国面向南海周边国家的投资贸易结构，推动经贸合作由分散型投资贸易合作向产业链供应链合作转变，打造互利共赢的经济利益共同体，为南海局势稳定奠定坚实的经济基础。

（五）国内沿海区域支撑

沿海地区是21世纪海上丝绸之路的重要组成部分。海上丝绸之路建设背景下的沿海地区布局，旨在以正确认识沿海地区在海上丝绸之路建设中的地位与作用为前提，以沿海地区区域发展空间格局现状和区域对外开放合作基础条件为依据，从陆海统筹、区域分工、能力建设、重点领域推进等视角，提出海上丝绸之路国内沿海区域布局的基本设想。

1. 海上丝绸之路背景下国内沿海地区功能解析

地区功能定位是空间布局的逻辑起点，准确把握沿海地区在海上丝绸之路建设中地位与作用，是沿海不同区域确定在海上丝绸之路建设中发展方向和重点选择的重要前提。国家《推动共建丝绸之路经济带和21世纪海上丝绸之路的愿景与行动》已经提出了“以东部沿海地区为引领”的战略定位，充分发挥沿海地区在引领海洋开发和内陆地区发展中的核心作用，加强东中西互动合作，全面提升开放型经济水平，形成参与和引领国际合作竞争新优势，成为“一带一路”特别是21世纪海上丝绸之路建设的排头兵和主力军，是东部沿海地区在“一带一路”建设中的重要使命。海上丝绸之路建设背景下的沿海地区功能可以从沿海地区开放和共建“一带一路”倡议全面实施的关系、沿海地区和海上丝绸之路建设的关系、沿海地区开放和内陆地区开放的关系三个层面来认识。

（1）沿海地区是“一带”和“一路”建设交汇地带。沿海地区兼有陆地和海洋两种自然地理属性，特殊的地理位置决定了其作为海陆之间物质、能量和信息交换的重要媒介，在陆海统筹发展中居于核心地位。从现实发展来看，我国经济社会发展空间不均衡，沿海地区人口众多、要素集聚度高、经济社会发展水平高，以长三角、珠三角和京津冀三大经济圈为核心的东部沿海各经济区，包括深圳前海、广州南沙、珠海横琴、福建平潭、浙江海洋经济发展示范区、福建海峡蓝色经济区、舟山群岛新区、浦东新区、山东半岛蓝色经济区、天津滨海新区等东南沿海地区众多经济活力强劲的地区，经济总量占据了全国的七成以上，是我国区域发展的核心地带和国家区域发展战略所确定的率先发展区域，历来在我国对外开放中扮演着“排头兵”和“主力军”的角色。特殊的自然地理位置和经济社会发展、特别是对外开放的良好基础，决定了沿海地区是丝绸之路经济带和21世纪海上丝绸之路对接和各种政策措施集中发力的地区，理应在“一带一路”建设中发挥龙头和引擎的重要作用。未来沿海地区如何发挥先天优势，在自身扩大开放和转型升级的同时，统筹协调“一带”和“一路”双向开放与建设，是沿海地区空间布局中需要考虑的重要问题。

（2）沿海地区是我国参与海上丝绸之路建设的主体。沿海地区是历史上海上丝绸之路的起点，又作为21世纪海上丝绸之路的重要组成部分，是我国参与21世纪海上丝绸之路建设的主要推动力量。从21世纪海上丝绸之路区别于丝绸之路经济带的涉海性的本质属性出发，沿海地区在推进海上丝绸之路建设过程中，既要将与海上丝绸之路沿线沿海国家以“五通”为重点的全方位合作作为主基调，又要从国家加快海洋开发、建设海洋强国的目标诉求出发，把经略海洋国土、拓展海洋领域对外合作的广度与深度、优化国家全球海洋战略布局作为开发合作的重要方向。为此，从促进海上合作的角度出发，未来沿海地区一方面要不断优化地区空间结构，规划海岸带开发空间秩序，统筹规划沿海港、航、路系统，理顺陆海产业发展与生态环境保护关系，以实现陆海产业发展、基础设施建设、生态环境保护的有效对接和一体化良性互动发展，提升沿海地区的集聚辐射能力，着力重塑、强化海洋开发保障基地和海洋产业发展的重要空间载体的职能；与此同时，要加强海洋开发与管理基础能力建设，着力优化海洋国土开发战略布局，加快海洋产业结构的战略性调整，积极推动与海上丝绸之路国家海洋资源开发、海洋生态环境保护、海洋防灾减灾和海洋科技文化等领域的全方位合作，不断提升沿海地区海洋经济发展和海洋开发国际合作的水平。

（3）沿海地区是内陆地区参与海上丝绸之路建设的桥梁。无论是丝绸之路经济带还是21世纪海上丝绸之路建设，都不是内陆地区或沿海地区的“独奏”，而必须依赖各地区的共同参与。就我国全面对外开放的未来走势而言，尽管说内陆沿边开放近年来得到了越来越多的重视，特别是以丝绸之路经济带为引领、以多个陆上对外经济走廊建设为抓手的陆路对外开放得到了长足发展，对优化我国对外开放格局、应对西方敌对国家的海上围堵和保障国家安全，已经和正在发挥着越来越重要的作用。但是，从长远发展来看，人类社会对海洋依赖的逐步加深和国家及地区经济的向海发展将是长期趋势，海上运输和陆上运输相比所具有的巨大优势决定了海上贸易通道在国家对外开放中的优势地位很难改变，沿海开放仍将长期主导我国对外开放的基本“棋局”，由此赋予海上丝绸之路在国家对外开放全局中的重要战略地位。从这个意义上来讲，对于内陆地区特别是既不沿海、也不沿边的中部内陆地区来说，加强和沿海地区的联系，积极参与“21世纪海上丝绸之路”建设进程，实现联动发展和借力开放，仍将是内陆地区开放发展的重要方向。因此，从扩大沿海经济发展腹地、引领内陆地区扩大开放和加快海上丝绸之路建设进程的多重目标出发，如何强化海陆联系“桥梁”和“窗口”的功能，引领内陆地区共同参与21世纪海上丝绸之路建设，是沿海地区未来必须肩负的重要职能。

2. 海上丝绸之路国内沿海地区布局重点

基于以上对沿海地区在海上丝绸之路建设中的区域功能分析，结合沿海地区区域发展空间格局及不同地区参与海上丝绸之路建设基础条件的分析，未来沿海地区空间布局及其建设重点的确定，要重点围绕以下三个方面展开。

（1）因地制宜，提升沿海不同区域参与海上丝绸之路建设的基础能力。21世纪海上丝绸之路作为新时期国家沿海开放战略的“升级版”，其实施对沿海地区对外开放水平和能力的提升提出了新要求。着眼于沿海地区经济发展、特别是外向型经济发展水平的地域差异，必须因地制宜，将推动沿海不同区域以改善基础设施条件、创新体制机制和促进外向型经济转型升级为重点的对外开放合作基础能力的提升，作为沿海地区空间布局中的首要问题予以考虑。

从与海上丝绸之路国家间互联互通的基本要求出发，沿海地区未来要把以港口为中心的基础设施建设置于突出重要的位置，通过加快港口资源空间整合和功能完善、推动以港口为纽带的陆海集疏运体系建设、扩大与沿线国家间的港口合作，不断提升沿海地区内联外通的能力，带动临港产业发展和外向型港口经济区加快新一轮崛起，为国家海外战略支点建设和优化国家全球海洋战略布局创造条件。

必须高度重视经济开放水平和质量建设，通过不断优化对外贸易结构、创新对外贸易方式、加快优势过程产能“走出去”步伐，着力提升环渤海、长三角、珠三角三大经济核心区的国际化水平，通过“走出去”和“引进来”相结合，努力补齐海峡西岸、北部湾和海南对外开放的短板，促进沿海地区开放型经济的率先升级和对外开放水平的全面提升，更深层次地融入全球分工体系与全球价值链增值环节。

坚持以开放倒逼改革、以改革促进开放，加快体制机制创新步伐。重视发挥上海、天津、广东、福建自由贸易区和沿海特殊海关监管区的平台支撑作用，积极探索和努力争取对内外相关政策的先行先试，不断优化沿海地区参与海上丝绸之路建设的政策环境。

（2）突出优势，提升不同区域与海上丝绸之路沿线国家的开放合作水平。由于沿海不同区域地理位置特别是海陆位置不同，资源、区位、交通和人文环境等基础条件不一样，加之受改革开放以来国家差异化区域政策累积效应的影响，经济发展和对外开放水平具有明显的差异性特征，导致不同区域在海上丝绸之路建设中所处的地位和作用也会有所差异。从需求角度来看，由于海上丝绸之路建设是一项系统工程，我国与沿线国家的合作不仅在领域上涵盖基础设施建设、经济发展、社会人文交流、生态环境保护和海上安全等方方面面，而且在空间上涉及太平洋、印度洋和东北亚等多个板块，不同板块经济社会发展基础和地缘政治经济形势的差异也会对沿海不同经济地域单元参与海上丝绸之路建设的方向和重点产生影响。海上丝绸之路建设背景下的沿海地区布局就要根据沿海不同区域的区位和经济社会发展基础特点，充分发挥各自的优势与特色，选择符合不同区域区情和地缘政治经济形势的功能定位及对外合作方向和重点，形成分工与合作相结合的沿海地区对外开放格局。

（3）陆海统筹，加强沿海与内陆区域的联动开放。区域协调发展是当前我国区域发展战略的重要内容，加强和内陆地区的合作也是促进当前沿海地区产业结构转型升级、解决人口资源和环境问题的重要路径。事实上，国家已经颁布实施的《丝绸之路经济带和21世纪海上丝绸之路愿景与行动》所确定的一些省份和城市的定位，主要出发点不是限定某些地区属于“一带一路”或“一带一路”只发展某几个城市点或城市群，而是通过由点到线再到面的渐进扩散方式，将“一带一路”建设与国内已有的区域板块发展战略结合，深挖各地域单元与沿线国家的合作潜力，推进国内不同地区间要素资源的双向流动，强化区际互联互通与产业转移，以提升中西部经济凹陷地区和沿边地区对外开放水平，形成海陆统筹、东中西互济的开放新格局，推动全国地区经济协调发展。从强化海陆联系“桥梁”和“窗口”的功能、发挥经济辐射和引领作用、促进区域协调发展的角度出发，海上丝绸之路建设背景下的国内沿海地区布局要重视加强不同沿海区域与广大内陆腹地的合作，通过海陆间联系通道体系的不断完善、产业转移步伐的加快、外向型陆海产业集聚平台的搭建和基于生态系统的海陆生态环境保护协作的加强，加快推动沿海和内陆区域一体化发展进程，以此为沿海地区发展转型营造更大的回旋空间，并为自身参与海上丝绸之路建设蓄积更大能量。

3. 海上丝绸之路国内沿海区域布局的总体构想

适应海上丝绸之路建设要求，充分发挥沿海港口群内引外连纽带作用和城市群核心支撑作用，进一步巩固和提升沿海地区对外开放的基础优势，着力健全区域开放型经济体系，不断拓展对外开放合作空间，积极推进对外开放支撑平台建设，构建以“一核、三区、一湾一岛”为基本框架的各具特色、分工合理、内外联动的沿海区域开放新格局，合力推进海上丝绸之路建设进程。

（1）“一核”引领，发挥海上合作综合平台服务功能。“一核”即海峡西岸地区，是国家《丝绸之路经济带和21世纪海上丝绸之路愿景与行动》所确定的海上丝绸之路建设的核心区，重在利用作为历史上海上丝绸之路重要出发点的影响力和对台关系独特、海外侨胞众多、对外开放程度高等综合优势条件，打造海上丝绸之路经贸合作、海洋合作、人文交流等方面的综合性服务平台，在互联互通、经贸合作、体制创新、人文交流等方面发挥引领、示范和辐射带动作用，建成海上丝绸之路陆海通道的重要枢纽、经贸合作的前沿平台、体制机制创新的先行区和人文交流合作的示范区。优先推动体制机制创新，依托中国（福建）自由贸易试验区、平潭综合实验区等载体，在投资贸易便利化、金融创新、监管服务、规范法制环境等方面先行先试。推动基础设施互联互通，加快以港口为重点的海上通道建设，强化航空枢纽和空中通道建设，完善陆海联运战略通道建设，深化口岸通关体系建设，着力强化海运和航空运输“门户”功能。以临港产业为主要方向，以造船、大型装备制造、新能源、新材料为重点，加快先进制造业空间集聚发展，提高产业发展核心竞争力。以农业、旅游、海洋科技等为重点，深化与东盟国家合作，进一步强化闽台合作，不断拓展与海上丝绸之路国家和地区经贸合作空间。以海外华人华侨和台港澳同胞为桥梁，以妈祖文化、闽南文化、客家文化等共同文化为基础，密切与海上丝绸之路沿线国家的人文交流与合作，打造中国—东盟民心融合重要纽带。

（2）“三区”支撑，对接南北海上合作走廊建设。“三区”即珠三角、长三角、环渤海三大地区，要作为我国参与海上丝绸之路建设、对接东北亚海上经济合作走廊和南海海上经济合作走廊的主要支撑力量来打造。未来要发挥“三区”在经济、科技和对外开放中的基础优势，以发展促开放、以开放促发展，提升产业结构水平和发展质量，推进人才、资金、技术、信息等生产要素以及各种有形商品在地区内部、地区间和国内外的高效流动，增强对内辐射带动和对外竞争合作的能力。

——以贸易畅通为重点，提升珠三角地区战略支撑能力。强化我国南方地区对外开放门户的地位，努力构建有全球影响力的先进制造业基地和现代服务业基地，打造21世纪海上丝绸之路的重要战略枢纽、面向东盟和南亚的经贸合作中心、辐射带动华南和西南地区参与海上丝绸之路建设的重要增长极。积极搭建贸易促进平台，优化贸易结构，创新贸易方式，支持农业、制造业、矿产业和服务业走出去，提升与海上丝绸之路沿线国家的经贸合作水平。发挥广州南沙、深圳前海、珠海横琴等重大平台作用，推动粤港澳服务贸易自由化，促进粤港澳经济深度合作。充分发挥区位优势，强化以广州港、深圳港为龙头的世界级港口群功能，提升以广州白云机场为核心的国际枢纽机场群功能，加快连接东盟、南亚泛珠省区的陆路国际大通道建设，构筑联通内外、便捷高效的现代化综合运输网络。发挥海洋岸线长、海洋经济综合实力强的优势，积极推进与沿线国家的海洋渔业、海洋工程、海洋防灾减灾合作。充分利用泛珠三角区域合作机制，加快西江—珠江经济带建设，积极推进粤桂合作特别试验区、闽粤经济合作区等跨省区区域合作。

——以资金融通、设施联通和区域合作为重点，提升长三角地区战略支撑能力。强化辐射带动长江流域发展的龙头地位，建成以先进制造业和现代服务业为支撑的世界级城市群、“一带”和“一路”的战略对接点。加快提升城市群综合服务功能，大力发展金融、物流、信息、研发等高端服务业，引领我国现代服务业发展方向。突出上海的核心地位，加快上海自由贸易试验区建设步伐，加强对外经济科技交流体制与机制创新，建设国际经济、金融、贸易和航运中心建设，打造在亚太乃至全球有重要影响力的国际金融服务体系、国际商务服务体系、国际物流网络体系。发挥浦东机场、虹桥机场、洋山深水港、宁波—舟山港等交通枢纽和对接欧亚大陆桥、长江通道以及在通信、能源、新能源、高科技技术等领域的优势，建设“一带一路”基础设施互联互通的战略枢纽。积极参与长江经济带建设，发挥沿长江通道通陆达海的优势，不断强化上海乃至整个长三角地区与中西部都市圈的经济联系，实现海上丝绸之路与长江经济带的良性互动。重视利用连云港欧亚大陆桥桥头堡的地位与作用，进一步完善港口功能，增强海铁衔接联运能力，加快对外开放进程，实现海上丝绸之路与陆上丝绸之路经济带的联动发展。

——以政策沟通、设施联通和东北亚区域合作为重点，提升环渤海地区战略支撑能力。进一步发挥资源、科技和重工业基础雄厚的优势以及依托京津的政治优势，以技术、体制创新和对外开放为动力，加快产业结构升级和区域一体化进程，努力将环渤海地区建设成为世界级的创业创新基地、世界级的高技术产业和先进制造业基地以及我国全面承接国际产业转移的重要基地和中国北方的国际航运中心。突出京津冀地区在辐射带动“三北”地区发展中的枢纽地位，一方面，要发挥北京政治资源优势，通过搭建平台、整合资源和发展服务等渠道，举办各种政策论坛和社会文化活动等，完善对话机制，加强沿线国家间的政策沟通；另一方面，要以天津滨海新区为龙头，着力推动临港/临海和海洋产业发展，打造滨海经济隆起带。突出辽中南地区作为东北地区对外开放重要门户和陆海交通走廊的地位，积极推进大连东北亚国际航运中心和国际物流中心建设，带动东北内陆地区开放开发，加快东北亚区域合作步伐。发挥山东半岛作为黄河中下游广大腹地出海口和毗邻日本、韩国的区位优势，抓住中日韩自贸区、黄河三角洲高效生态经济示范区和山东半岛蓝色经济区建设的重大机遇，加快建设全国重要的先进制造业、高新技术产业基地，建设中西部地区与日韩经贸往来大通道，辐射带动黄河中下游地区开放发展，成为黄河中下游地区对外开放的重要门户和陆海交通走廊。

（3）“湾”“岛”联动，提升西南海上合作走廊和南海海上经济合作区建设基础支撑能力。“湾”“岛”即广西北部湾地区和海南岛，是我国沿海地区战略地位极其重要、在国家海上主权和权益维护中负有重要使命、但对外开放和经济发展水平相对较低的地区，也是在21世纪海上丝绸之路建设中需着力提升的潜在发展区。适应海上领土主权和海洋权益维护的需要，加快广西北部湾和海南岛的开放开发步伐，打造海上丝绸之路建设新的战略支撑平台，提高沿海地区参与海上丝绸之路建设的整体能力和水平。

——以设施联通和贸易畅通为重点，提升北部湾地区参与面向印度洋海上经济合作走廊建设基础能力。发挥我国西南地区出海口和毗邻东盟的区位优势，将北部湾建设成为中国面向东盟的桥头堡、“一带”和“一路”战略对接的西南门户、引领西南地区参与海上丝绸之路建设的增长极，积极参与印度洋海上经济合作走廊建设。进一步加快港口资源整合和港城一体化发展步伐，完善以铁路、高速公路、内河航运为重点、面向西南内陆腹地的集疏运通道体系，积极介入东盟海上互联互通规划，加快以国际空港、港口、边境口岸、信息网络为核心的“国际门户”建设步伐，提升内外基础设施互联互通水平，提高承接国际产业、资本、技术转移能力，带动国际贸易和新经济发展，提高区域地位和国际竞争力。充分利用中国—东盟自由贸易区规则，积极参与双边多边经贸合作，加快转变外贸增长方式，优化贸易结构，扩大高附加值产品出口，扩大国内短缺的能源、原材料进口，大力承接东部加工贸易转移，加快发展服务贸易和边境贸易。优化开放环境，创新利用外资方式，大力吸引外资投向制造业、高技术产业、现代农业、环保产业和基础设施等领域。

——以海洋合作和海上城市建设为重点，提升海南岛经略海洋国土和推动南海海上经济合作区建设的能力。突出海南省对南海海域的行政管辖职能，以海洋开发为重点，加大与南海周边国家的合作，将海南岛打造成为我国经略南海的战略要地、21世纪海上丝绸之路的战略支点和国际旅游合作的示范区。加快三沙市建设进程，持续扩大离岸岛（礁）基围填海规模，完善主要岛屿基础设施配套，加快海水淡化、海洋能开发、海洋监测、海洋信息服务等基础产业发展，推动海上城市建设，加强陆上保障基地建设。以中国（海南）自由贸易港建设为切入点，整合海口综合保税区和海口美兰国际机场功能，完善三亚国际门户机场功能，推动海口、三亚海上合作战略支点建设。加强与沿线国家旅游宣传推广合作，加快推动与环南海国家邮轮旅游合作发展，联合打造具有海上丝绸之路特色的国际精品旅游线路和高档旅游产品，谋划成立21世纪海上丝绸之路旅游联盟。结合洋浦、东方油气资源储备基地建设，打造南海油气开采产业链，建造部署深海油气钻探开发大型配套设施，支持国内大型企业在海南建设修造船、海洋工程设备项目，吸引大型海上油田服务公司落户海南。以海洋新能源、海水淡化、海洋生物制药、海洋工程技术、环保产业和海上旅游为重点，加强与福建、广东、广西等省区的合作。充分发挥博鳌亚洲论坛的影响力和带动力，推动建立中国—东盟海洋合作机制、南海沿岸国地方政府经贸人文合作论坛和21世纪海上丝绸之路岛屿经济论坛等合作机制，服务国家总体外交，服务南海公共外交和友好合作。

二、国际海域资源调查与开发

国际海域是沿海国家管辖海域范围以外公海和海底区域。国际海域是海上“公土”，约有2.5亿平方千米，占地球表面的49%，是人类活动的重要空间。随着国际范围内对海洋认知和开发利用水平的不断提高，国际海域的资源价值与开发潜力越来越受到重视，围绕国际海域的资源调查与开发成为海洋竞争的新“战场”。我国在国际海域有着广泛的利益，已经具备了良好的工作基础。紧跟国际海洋开发趋势，加快国际海域开发利用步伐，是我国拓展国际海洋发展战略空间的重要任务。

（一）我国推进国际海域工作的重要意义

人类深海活动已迈入崭新的时代，深海资源圈占和勘探开发竞争日趋激烈，深海装备技术革新步伐加快，深海环境保护成为深海活动的新领域和海洋强国竞争的新舞台，国际深海秩序正在酝酿深刻变革。在此形势下，加强深海科学技术发展和产业培育，加快国际海域资源调查与开发进程，对我国具有十分重大的战略意义。

1. 有利于提高我国深海资源勘探开发国际竞争力

在当前国际深海活动由资源调查为主向资源调查、资源勘探开发、环境保护并重转化的新阶段，我国深海活动正面临着国际竞争日趋激烈和国内深海装备核心技术、矿产资源精细勘探开采技术、深海环境调查研究基础积累不足的矛盾。以深海科学技术创新为引领，加快深海科技成果转化和深海产业培育进程，努力克服我国在深海活动领域的瓶颈和短板，提升我国深海科技和经济综合实力，将为我国在新一轮国际深海活动竞争中赢得先机。

2. 有利于拓展我国蓝色经济发展外部空间和培育海洋经济发展新动能

我国经济发展已进入新旧动能转换和推进高质量发展的新时期，“用发展新空间培育发展新动力，用发展新动力开拓发展新空间”已成为国家经济发展的战略性要求，拓展包括深海空间在内的蓝色经济空间也已经被提升到了国家发展全局的战略高度。立足我国业已具备的深海科技和资源调查、勘探等基础优势，以已申请矿区履约和新矿区申请强化我国在国际深海的战略存在，以深海科学技术加快发展强化深海资源调查、勘探开发和环境保护能力，以矿产资源开采、生物资源开发和深海装备制造为重点促进深海产业培育和发展，不仅将极大地拓展我国海洋经济发展的国际空间，而且将为我国海洋产业结构转型升级和高质量发展注入新动力。

3. 有利于提升我国主导和引领国际深海治理体系变革能力

我国已位居全球第二大经济体，提高参与全球治理能力已成为我国从世界大国向强国迈进的必然要求。在深海领域提升我国参与全球治理的能力，事关我国在深海国际秩序和长远制度安排中的地位和作用。通过促进深海科学技术和深海产业的加快发展，将有效增强我国在国际深海领域的基础实力，提升我国在国际深海空间开发规章制度建设中的话语权，从而为我国主导和引领国际深海治理体系变革创造条件。

4. 有利于加强国家战略资源储备和促进经济社会可持续发展

国际海底拥有丰富的矿产资源，以多金属结核、多金属硫化物和富钴铁锰结核为主。据估计，大洋海底多金属结核总资源量约 3 万亿吨，有商业开采潜力的达 750 亿吨，海底富钴结壳中钴资源量约为 10 亿吨，最近几年在深海又发现了大量的稀土资源，仅太平洋深海沉积物中稀土资源量就达 880 亿吨①。我国经济社会发展面临资源短缺的严峻挑战，强化战略资源储备是当前十分紧迫的任务。顺应国际深海资源商业化开采前景日趋明朗的形势，强化深海资源开发技术储备，积极培育和推动深海产业发展，加快国际深海资源开发进程，将有助于提升深海资源在国家战略资源储备中的地位，从而增强国家战略资源保障能力，支撑经济社会的长远可持续发展。

（二）我国国际海域工作进展

我国是国际海域资源勘探开发的先行国。21 世纪以来，我国紧跟国际海底区域管理局《“区域”内多金属结核探矿和勘探规章》《“区

---

① 张涛. 聚焦国际海底矿产资源开发规章的研究和建立［N/OL］. 中国国土资源报. http：//news. mnr. gov. cn/dt/zb/2017/kczu/beijingziliao/201705/t20170518 _ 2127702. html［2017-05-19］。

域”内多金属硫化物探矿和勘探规章》《“区域”内富钴铁锰结壳探矿和勘探规章》三个规章①的制定进程，持续推进太平洋、印度洋、大西洋的资源环境调查，积极参与国际海底区域资源勘探区的申请和资源勘探开发工作，不断加快深海资源勘探开发技术创新和产业化发展步伐，各项工作取得了积极进展和显著成效，为拓展我国在深海大洋的发展战略空间奠定了良好的基础。

1. 国际海域活动空间不断拓展

自 2001 年大洋协会与国际海底管理局签署位于东北太平洋的 7.5 万平方千米多金属结核矿区合同以来，我国又先后于 2011 年、2014 年、2017 年、2019 年分别获得了西南印度洋 1 万平方千米多金属硫化物矿区、西北太平洋 3 000 平方千米富钴结壳矿区、东太平洋 7.3 万平方千米多金属结核矿区、西太平洋 7.4 万平方千米多金属结核矿区的专属勘探权和优先商业开采权。在迄今为止国际海底管理局已经签署的 30 项“区域”矿产资源勘探合同（涉及 16 个国家和 1 个国际组织）中，我国拥有 5 项（其他有：俄罗斯、韩国各 3 项，日本、法国、德国和印度各 2 项），合同数居世界第一位，勘探矿区总面积 23.5 万平方千米。我国已成为全球第一个资源勘探合同区覆盖太平洋、印度洋、大西洋三大洋，同时拥有国际海底管理局资源勘探规章所涉及的 3 种资源专属勘探权和优先开采权的国家。

2. 深海资源与环境调查评价全面展开

结合矿产资源勘探开发区的选划与申请，我国持续开展多航次的大洋资源环境调查，积极推动资源勘探合同区资源勘探与环境影响评价，促进了深海科学研究的发展，提高了对深海的认知水平，为国际海域资源开发奠定了科学基础。在资源勘探方面，东北太平洋多金属结核合同矿区 2016 年获准执行延期协议，目前已完成了资源量评估和 50%区域放弃方案的编制，其他合同区也初步完成了资源量评估和

① 根据《联合国海洋法公约》，“区域”是指国家管辖范围以外的海床和洋底及其底土。

潜力重点探矿区的圈定，深海稀土资源调查和重点成矿带的选划也取得积极进展。在环境调查与评价方面，我国国际海域环境基线调查处于国际领先地位，自我国学者 20 世纪 90 年代首次提出“基线及其自然变化”（NaVaBa）计划以来，国际海底区域环境调查工作成为国际社会共识，并被国际海底管理局 2002 年确立为四大国际合作项目之一；我国切实履行国际海底区域资源勘探合同区环境基线调查义务，目前已经收集了正在执行的 4 个合同区类型齐全的环境基线数据，并相继启动了一批重点海域海洋环境监测项目，为建立公海保护区提供了重要支撑。2017 年，我国在国际海底管理局届会期间提出在西北太平洋富钴结壳合同区共同建立区域环境管理计划（REMP）的倡议，这也推动了大西洋中脊、印度洋海脊、印度洋结核区和奥格兰德海岭的区域环境管理计划的发展。我国还积极参与了公海保护区划定和相关管理规则的制定，在维护自身利益的同时，彰显了负责任大国的形象。

3. 深海技术与装备制造取得突破

经过 20 多年的努力，我国深海资源勘探开发技术与装备研发取得了重要进展，载人潜器、无人缆控潜水器和无人自治潜水器等各种深水潜器的研制应用已达到国际先进水平。早在 2002 年，科技部就将 7 000 米载人潜水器列为国家“863 计划”重大专项，随后历经十年攻关，于 2012 年实现“蛟龙”号 7 000 米海试成功。继“蛟龙”号之后，2013 年 5 月“潜龙一号”无人无缆潜水器 4 000 米海试成功，2013 年 10 月“海龙二号”无人有缆潜水器助力“大洋一号”船南海海试成功，2016 年 1 月“潜龙二号”水下机器人成功首潜，2016 年 8 月“海斗”号无人潜水器创造了 10 767 米下潜及作业深度纪录，2017 年 10 月我国第二台深海载人潜水器“深海勇士”在南海完成全部海上试验任务，2018 年 4 500 米级自主潜水器“潜龙三号”海上试验成功，2020 年 11 月 6 000 米深海自主水下机器人（AUV）“潜龙四号”完成交付后的首次应用。这些由我国自行设计集成、具有自主知识产权的深海运载器的研制成功，标志着我国已继美国、日本、法国和俄罗斯之后进入了世界深潜装备第一梯队，已经具备了在占世界海洋面积99.8%的广阔海域进行各种科考和资源探寻的能力。伴随着深水潜器的研制，深海资源调查与勘探船舶建造加快推进。2018年12月，我国自主研制的首艘载人潜水器支持母船“深海一号”下水。2019年8月，我国自主研制的第一艘4 000吨级大洋综合资源调查船“大洋号”顺利完成调查系统装备的综合海试。与此同时，20世纪90年代我国开始深海矿产资源开发技术与装备研究，完成了大洋多金属结核采矿中试系统水下部分的详细设计，研制了中试集矿机和提升泵，开展了钴结壳和热液硫化物采集方法及技术原型的研究。近年来，我国深海资源开发技术和装备研发也取得了较快发展，“深海扬矿泵管输送技术”“鲲龙500”水下采矿作业车、深海富钴结壳规模采样装置等深海采矿装备试验先后获得成功，对多金属结核和富钴结壳选冶加工利用技术开展了持续、系统性研究，开发了一批具有自主知识产权的选冶加工与综合利用技术，与国外的差距大大缩小。

4. 深海产业发展步伐明显加快

伴随着深海技术在深海资源勘探和开发中的逐步应用，我国矿产资源开发、装备制造和生物基因资源利用等领域的深海产业呈现加快发展势头。在资源开发方面，2017年中国五矿集团和2019年北京先驱高技术公司先后与国际海底管理局多金属结核勘探矿区合同的签署，标志着我国在国际海域的资源勘探正在由国家主导向企业参与转变，深海资源勘探与开发已经开始向商业化和产业化方向迈出重要步伐。在装备制造方面，我国福建马尾造船厂已承接并完成了世界上第一艘深海多金属硫化物商业采矿船的制造，研制第一套海底采矿车的英国SMD公司也被中国中车集团全资收购；与此同时，随着国家深海科技专项支持力度的不断加大，国内一些大型国企和民企也开始主动进军深海矿产资源开发和技术装备研发，中国海洋石油总公司也在多方探讨和筹措发展深海采矿业务，部分企业开始尝试承接国外企业深海矿物的冶炼加工业务，海南省、深圳市、湖南省等也在积极出台政策和设立专项支持深海资源开发和深海科技产业发展，一些海洋基金等开始陆续设立。在海洋生物产业发展方面，我国已获得大量深海微生物资源，分离了近 10 000 株微生物，建立了深海菌种库，构建了深海微生物代谢物库与信息库，启动了深海基因库、深海天然产物库以及深海病毒库建设，并积极推动深海微生物资源的应用潜力评价，获得了在新药创制、工业制造、绿色农业、生物环保、生物能源等方面有重要应用价值的菌种、基因、酶和化合物，开展了深海生物农药、深海微生态制剂与饲料防敏微生物制剂的开发，多项产品开发成功并进入产业化应用阶段。

5. 我国参与国际海域治理的能力有所提升

我国积极参与国际海域各方面事务，着力提升在国际海域事务中的话语权和影响力，维护了我国在国际海域的战略利益，提升了深海新疆域的治理能力。近年来，我国紧跟国际海底管理局的“区域”矿产资源开发规章制定的进程，积极组织力量开展“区域”资源市场供需趋势与商业开发时机、构建财务模型测算开发规章缴费制度对项目经济的影响等研究工作，开展了对《联合国海洋法公约》所设“区域”管理制度的实施情况的全面和系统审查，针对“区域”管理制度及战略计划等提出我们的建议，并通过向国际海底管理局提出“资源开发与环境保护合理平衡”“全人类共同财产的惠益分享”和“保障承包者权益”等原则对策和主张表达我国的关切，对“区域”矿产资源开发规章制定施加影响。2016 年 2 月 26 日，第十二届全国人民代表大会常务委员会第十九次会议通过了《中华人民共和国深海海底区域资源勘探开发法》，通过国家立法支持中国企业积极参与深海资源开发并规范“区域”资源勘探开发活动，既保障了我国开发国际海底资源的权益，也体现了中国履行《联合国海洋法公约》义务的大国担当，我国已成为“区域”资源勘探开发国家立法和规则制定走在世界先进行列的国家。同时，我国积极履行人员培训和信息交流的国际义务。2018年《中国自然资源部与国际海底管理局关于建立联合培训和研究中心的谅解备忘录》在北京正式签署，成为国际海底管理局与缔约国签署的首个合作谅解备忘录。联合中心的建设既是我国推动构建“人类命运共同体”的积极贡献，也是中国作为最大的发展中国家勇于承担大国责任的重要体现。

（三）国际海域资源开发面临的形势

随着全球范围内资源环境形势的日趋严峻和深海技术的快速发展，世界各国对深海特别是国际海域的关注度不断提高，国际竞争更加激烈，国际海域资源调查与开发呈现出一些新的动向和特点。我国作为国际海域资源调查与开发工作的先行国家之一，已经具备了良好的工作基础，新时期国家对海洋开发重视程度的不断提高给推进国际海域相关工作带来机遇，但同时也面临一些严峻的挑战。

1. 国际形势

世界各国高度重视深海战略资源，美国、英国等海洋发达国家于20世纪60年代初开始了国际海底区域多金属结核调查活动，70年代已完成多金属结核的勘查和采矿试验，到80年代末基本完成了多金属结核商业开采前的技术储备。近年来，随着国际海域资源调查与开发的持续升温，围绕“资源圈占”的国际竞争更加激烈，不仅发达海洋国家和国际海域的“先行国”进一步加大资源调查力度和加快新矿区的申请，而且一些发展中国家海洋意识觉醒，开始通过各种方式维护本国在国际海域的权益。21世纪以来，国际海域新矿区申请和获得国际海底管理局核准的速度明显加快，2001—2010年仅有8个国家申请多金属结核勘探合同矿区并被国际海底管理局核准，而2011—2019年国际海底管理局就受理并签订了22个勘探合同。随着申请矿区数量的不断增多，国际海底区域可供申请的优质矿区日趋减少。在东太平洋CC区已经有16个多金属结核资源勘探合同，除了国际海底管理局保留区外，已经不具备再继续申请新矿区的空间。西北太平洋海山区的国际海底区域目前在理论上也只能容纳 1 个多金属结核和 1 个富钴结壳资源勘探合同的申请。全球洋中脊长约 60 000 千米，但是排除掉专属经济区和高纬度地区的洋中脊，能够圈划多金属硫化物勘探合同区的洋中脊段也所剩不多。

当前普遍认为，国际海域已进入由资源勘探向商业化开采转化的“窗口期”。随着技术的不断成熟和迅速发展，技术因素对深海矿产资源开发技术发展进度的制约影响已日渐减弱，市场需求、商业开采时机等越来越成为决定深海矿产资源开发技术发展进度的关键因素。

从技术发展看，目前许多国家已经开展了比较全面的深海采矿技术及装备的研究，也进行了不少的深海采矿试验，不同程度地验证了深海采矿的技术可行性，未来随着水下机器人、通信、电力供应等配套技术能力的提升以及深海运载、海洋油气工业通过技术移植为深海矿产资源开发提供技术和装备支撑，深海采矿将越来越接近现实；在深海矿产资源加工利用技术方面，国外对于多金属结核加工利用已经基本完成了技术储备，美国、日本、法国、俄罗斯等国在 20 世纪七八十年代就完成了多流程的冶炼中间规模试验，富钴结壳、多金属硫化物加工利用处于实验室方案研究阶段，深海稀土资源成为研究的新热点。

从市场需求看，随着工业、能源、信息技术革命步伐的加快，全球矿产资源供需发生结构性变化，5G、新能源、新材料产业发展对镍、钴、锰和稀土等矿产资源的需求上升，国家间的争夺日益激烈。如 2017 年年底美国总统特朗普签署了《确保关键矿产安全和可靠供应的联邦战略》，以确保美国对全球关键矿产资源的控制权，2018 年美国地质调查局发布了《危机矿产清单草案》的详细版本，其中镍、钴、锰、稀土名列为危机矿产清单中；2017 年欧盟也更新了“关键材料倡议”中的关键矿产目录，其中钴和轻重稀土名列在内；英国也于 2015 年更新了风险矿产清单，其中铜、镍、钴、锰和稀土均被列入清单中；日本 2009 年就已出台《稀有金属保障战略》，其中镍、钴、锰和稀土被列入优先考虑的战略矿产；2016 年 11 月我国国土资源部同国家发改委、工信部、财政部、环保部、商务部共同编制并发布实施了《全国矿产资源规划（2016—2020）》，其中铜、镍、钴、稀土几个矿种明确列为战略性矿产资源。由于深海多金属结核、富钴结壳富含铜、镍、锰外，还富含钴、稀土等多种资源，特别是钴含量高达 0.2%~0.8%，稀土含量达 0.1%~0.2%，一些国家已经将深海矿产作为获取稀有金属的战略性资源，积极开展开发前的准备工作，并纷纷通过计划、专项等给予政策和经费上的支持。

从商业开采时机来看，深海矿产资源真正商业化开采的实现还将有赖于国际矿产资源供需市场形势的变化及不同国家资源战略的选择，世界矿产品市场供求不稳定所造成的矿产品价格波动和深海战略性矿产资源开发的成本问题是影响其商业化开发的主要经济原因①。值得一提的是，随着第一批为期 15 年的勘探合同到期及 5 年延长期结束，国际海底管理局正在加紧推动的“区域”资源开发规章的制定，也会是国际海底资源商业化开采的重要推动因素。

采矿活动对深海海洋环境的影响是近年来国际海域工作关注的新动向，严苛的海洋生态环境保护要求正在成为国际海底资源开发的绿色壁垒。这一方面显示出国际社会对海洋环境保护的普遍重视，另一方面也是发达国家加强对公海管控和一些“后进”国家通过设置环境保护门槛来限制“先行”国活动空间、积极介入国际海域活动的一个切入点。环保要求必然成为未来“区域”资源开发规章的重要内容。

2. 国内形势

我国推进高质量发展，科技创新步伐加快，以大数据、人工智能、生物技术、量子通信等为代表的新一轮科技革命和产业变革加速兴起，信息、生物、能源、材料和海洋、空间等应用科学领域不断发展，助力经济发展方式转变新的增长动力形成。全民海洋意识普遍增

---

① 姜秉国，韩立民．深海战略性矿产资源开发的理论分析［J］．中国海洋大学学报（社会科学版），2011（2）：114-119。

强，海洋作为高质量发展的战略要地正在受到国家越来越多的重视，拓展海洋发展新空间成为新形势下的新要求。海洋强国建设、共建“一带一路”倡议加紧实施，对我国统筹陆海双向开放、加强陆路和海上国际合作、建立以我国为主的全球分工新格局产生重要推动作用。国家对国际海域工作的重视程度不断提高、投入不断加大，以《中华人民共和国深海海底区域资源勘探开发法》为基石的国家深海开发制度正逐步形成，国家推进全面深化改革，为深海海底区域资源勘探与开发实现由政府投入向政府主导、社会力量参与带来契机，社会、企业介入深海海底区域资源勘探与开发的趋势明显。深海安全受到重视，《中华人民共和国国家安全法》将深海安全作为国家安全的重要内容，明确提出要增强我国在国际海底区域安全进出、科学考察、开发利用的能力，确保相关活动、资产和其他利益安全。

但是，我国国际海域工作也面临着一些突出的问题和短板，基础能力不足和快速发展的实践需求之间的矛盾是我国当前面临的最大挑战。与国际先进国家相比，我国在大洋科学研究、海域资源环境调查、资源勘探与开发利用、深海产业发展等方面都存在着明显的差距。在大洋科学研究方面，我国总体上基础比较薄弱，专业研究队伍缺乏，深海基础研究的规模小、范围窄，大多跟踪国际计划，许多方面还是空白，能够在国际前沿竞争的研究凤毛麟角，更谈不上做出基础理论原创性的成果，对深海大洋的科学认识不足是当前面临的基础性、全局性问题。在资源环境调查方面，我国大洋调查研究起步晚、技术装备和人才支撑不足，现有调查主要集中在海域资源勘探方面，深海环境的调查研究也基本围绕资源勘探开发展开，覆盖面小、掌握基础数据有限，资源调查精细化程度低、重点海域生态系统和生物多样性科学认识严重不足、公海保护区调查与监测技术存在短板等是目前存在的突出问题。在资源勘探和开发利用方面，我国虽然以合同区为重点在资源勘探方面已经取得了明显进展，但是在资源开发技术方面仍然严重不足，海底采矿工程试验、重要技术装备制造、海底采矿环境影响评价、海洋生物资源获取等都明显滞后于其他国家。如美国为首的西方财团40年前就开展过5 000米水深的采矿系统海试，成功实现了整体系统的联合作业，近年来韩国也开展了1 300米水深的采矿车海试，比利时的海底采矿车海试最大作业水深达到了4 571米，而我国的多金属结核采矿试验车海试水深仅500米，富钴结壳采集试验车的海试水深2 900米，而且试验车的规模都比较小。又如深海技术装备制造所需的高性能浮力材料、高性能深海动力电缆、深水电机等高性能元器件仍然依赖进口，我国制造的第一艘深海采矿船的设计不得不委托新加坡完成，其他高性能特殊船设计基本上也是国内只能承担后端设计，概念和总体方案等前端设计由国外完成。再如德国、日本、印度等20年前就开展过一些海底环境扰动影响试验，但我国在这方面的研究准备明显不足。我国深海生物勘探起步晚，在调查能力和开发利用方面还有较大差距，特别是在深海生物精细采样、原位观测方面，与美国等国家的差距估计在10~15年。在深海产业发展方面，国外对国际海域的资源调查与开发主要由企业为主导，跨国公司向国际海底区域进军的步伐仍在加快，而我国迄今为止在国际海域的工作总体上仍由国家主导，企业和社会力量参与不够，影响了深海矿产资源开发的产业化进程；深海生物基因资源优势及相关研发成果优势尚未转化为产业发展优势，与预期目标也有一定的差距。

（四）新时期加快国际海域资源调查与开发的重点任务

“十四五”时期是国际海底区域由资源勘探向商业化开采转化的关键时期，我国必须立足当前、着眼长远，在进一步加强已申请获准矿区资源调查与评估、加快深海资源开发技术准备和推动深海产业发展的同时，着力强化国际海域工作基础支撑能力，逐步扩大国际海域资源环境调查的范围，积极推动新矿区申请和参与公海自然保护区建设，不断拓展我国在国际海域的活动和发展空间。

1. 重视深海科学基础研究

将深海研究作为海洋科学研究的重点领域，以科学认识深海、合理利用深海和保护深海生态环境为目标，进一步优化学科和研究力量配置，提高深海成矿机理、深海生命科学、深海环境科学、深海动力与气候变化等领域的基础研究能力，占领深海科学研究的制高点。重点开展多金属结核、多金属硫化物、富钴结壳、稀土、天然气水合物等资源成矿地质背景、物质来源、成矿过程和矿床地质特征研究，勘探合同区以及深海热液区、冷泉区、海山、海沟（超深渊）等特殊生境区生物多样性分布规律研究，深海采矿活动的环境影响研究，以及重要海域生态环境时空变化特征研究等，为深海找矿、生物资源获取和生态环境保护提供理论指导。

2. 提升深海资源调查与开发技术支撑能力

“区域”海底资源的调查、开采、运载、加工均与高新技术有密切关系，拥有深海勘查开发技术则可以主导“区域”资源的分配与开发权；同时“区域”活动已经引起了海洋领域的观念革新和海洋技术的深刻变革，并极大地推动了海洋探测与监测手段、深潜技术、水下工程的发展，对相关领域的技术发展必将形成强劲的辐射与带动作用①。因此，无论是从深海资源调查还是从开发利用的角度来看，技术创新都显得尤为关键，也是当前国际海域竞争的核心。针对我国深海技术整体落后、瓶颈制约明显的实际，未来要以深海科学理论研究为指导，瞄准国际前沿、聚焦三个方向，进行重大技术系统集成攻关。一是聚焦深海资源环境调查通用技术创新，依托现有深海载人、无人潜水器和大洋调查勘探船舶制造能力，顺应深海设备智能化、无人化、协同化发展趋势，围绕深海观测、探测和取样等综合需求，突破深海潜器、浮动平台、科考船舶制造关键核心技术，提升成套设

---

① 曹颖．加速国际海底区域资源开发产业化的战略思考［J］．海洋开发，2003（1）：57-60。

备、综合科考船舶设计能力，提高控制与导航、高分辨率近底探测和精准勘探、自主和智能化观测、卫星和水下通信等关键设备的国产化水平。二是聚焦深海资源开发技术创新，发展多金属结核、多金属硫化物、富钴结壳水下开采、输送和水上加工利用平台技术以及尾矿综合利用技术，做好勘探合同区矿产资源开发利用技术方案准备，超前性推动深海稀土资源开发利用技术研发，加快深海生物基因资源精细采样、原位观测技术与实验室生态模拟技术创新步伐。三是聚焦国际海域海洋生态环境保护技术创新，结合勘探合同区资源开发和参与国际资源开发规章制度制定的需要，发展深海资源开发环境影响监测与评估技术，提出深海采矿、环境调查、监测与评估的技术标准与指南，开展深海生物多样性评价、公海保护区选划的技术方案研发。

3. 拓展国际海域资源环境调查活动空间

加大国际海域资源环境调查的力度，推进调查重点由勘探合同区向全海域拓展、调查重点由以资源为主向环境并重转变。继续履行好我国已申请矿区资源调查、勘探与开发的义务，加快资源勘探与开发进程。在此基础上，进一步拓展对全球国际海底区域地质、生物多样性和环境调查，提高对国际海域的认知水平，选划深海矿产资源远景区，估算和推断资源量，适时提出新矿区申请方案。全面布局面向国际海域的环境调查、观测与监测，完善国际海域环境变化的长期基础数据积累，持续收集国际海底资源矿区的环境基线数据，加强重点海域的环境监测，主动参与并积极引领国际海底区域环境管理计划，积极参与公海保护区的环境调查与选划。

4. 加快培育和发展深海产业

紧跟国际深海装备制造业发展趋势，适应深海资源精准勘探和商业开发对装备的需求，突出自动化、绿色化、集成化、智能化的发展导向，加快深水潜器、深海机器人、深海钻机等方面的技术集成和转化，加强相关技术装备、设备的应用推广，推动深海装备制造规模化、产业化发展。扩大深海生物和基因资源利用产业规模，重点瞄准生物医药、深海酶制剂、海洋防污涂料、环保微生物制剂、果蔬保鲜剂等生物制品，加强产学研合作和加大中试、示范应用的投入，加快产业化发展进程。加快深海采矿业的培育，以中国五矿集团公司、北京先驱高技术开发公司两大企业参与国际海底区域资源勘探开发为契机，发挥市场机制的作用，积极促进陆上油气、矿产资源开发企业“进军”深海，引导民营和社会资本参与深海矿产资源开发利用，推动形成多元化的深海采矿业发展格局。实施登陆点的产业基地牵动战略，充分考虑产业布局的区位指向、集聚与扩散机制、距离衰减的规律以及区域开发产业的拉动与“极化”效应，选择经济实力雄厚、创新环境优越和科技、化工、冶金、海洋产业优势明显的沿海港口作为区域资源的“登陆点”，建立若干深海产业基地①。从深海产业发展高投入、高风险的基本特征出发，加大国家对深海产业发展的扶持，在政策、信息、技术、资金、市场开拓、管理、服务等方面对从事深海资源开发的企业和深海产业基地给予倾斜。

5. 密切跟踪并积极参与国际海域相关规章的制定

加强《联合国海洋法公约》中有关“区域”规定的相关法律问题研究，特别要密切跟踪国际海底管理局《“区域”矿产资源开发规章》制定的进程，围绕其中所涉及的缴费、环境保护、利益分享、海底电缆保护等重要议题加强专门性研究工作，为参与“规章”制定提供基础支撑。积极派驻具有相关专业背景，尤其是法律和环境方面的专业人员以代表、观察员身份在国际海底管理局任职，充分表达中国主张，争取在相关国际法律领域的话语权，近期要重点发挥好对《“区域”矿产资源开发规章》制定的参与和引领作用。加强国际海域工作的国内立法，以《中华人民共和国深海海底区域资源勘探开发法》为基础，围绕许可证、海洋环境保护、资料汇交和利用、应急预

---

① 栾维新，曹颖．中国国际区域资源开发战略及关键技术选择［J］．地域研究与开发，2005（4）：5-11。

案、深海公共平台建设等制度，进一步推动相关行政法规和规章的制定[①]。

三、全球海上治理合作

海洋治理是全球治理的重要领域，是国际社会解决海洋领域全球性问题、应对海上公共危机的集体行动，是世界各国的共同责任。伴随着人类认识和利用全球海洋进程的不断加快，国际海域面临的资源退化、环境污染、海上治安等非传统安全风险和挑战在不断增多，综合治理的需求在加大。据估计，目前只有1%的公海得到了开发与治理，而只有0.01%的国际海底区域被纳入了人类治理视域[②]。据世界粮农组织发布的数据，从1974年到2017年，全球不可持续水平的鱼类捕捞量已从10%上升至34.2%，其中最不可持续地区为地中海和黑海（过度捕捞种群占62.5%）、东南太平洋（过度捕捞种群占54.5%）、西南大西洋（过度捕捞种群占53.3%）[③]。据估计，每年大约有800万吨的塑料垃圾由人类倾倒至海洋，致死约十万头海洋哺乳动物和百万只海鸟，海洋塑料垃圾正成为一种新的、真正的全球性挑战[④]。对比工业革命前，由于人类活动的影响，全球海洋公域的平均酸碱度减少了0.1个单位，海洋公域酸度则上升了30%。但与此相悖的是，以《联合国海洋法公约》为主体框架的全球海洋治理体制与机制存在着明显的短板，无法适应新形势下全球海洋治理日益多样化的需求。当今世界正处在百年未有之大变局，国际力量对比发生深刻变化，世界多极化和区域一体化加快发展，美欧等西方国家单边主义和

---

① 张梓太．构建我国深海海底资源勘探开发法律体系的思考［J］．中州学刊，2017（11）：52-56。

② 张茗．全球公域：从“部分”治理到“全球”治理［J］．世界经济与政治，2013（11）57-77。

③ 联合国粮农组织．2020年世界渔业和水产养殖状况［OL］．http：//www.fao.org/3/ca9229en.pdf。

④ 游启明．“海洋命运共同体”理念下全球海洋公域治理研究［J］．太平洋学报，2021（6）：62-72。

保护主义对自由主义的海洋秩序的冲击，推动国际海洋秩序经历重大调整，全球海洋治理体系正处于转型变革的关键阶段。

我国作为全球最大的发展中国家，已经跃升为全球第二大经济体，国际地位和国际影响力在不断提高，参与全球海洋治理的深度和广度在逐步拓展。但是应该看到，我国作为全球海洋治理的后来者，参与全球海洋治理的基础能力与我国综合国力和海洋大国的地位不相称，仍然存在着明显的差距，突出表现在国内立法、制度、规划等顶层设计滞后和参与国际规则制定的话语权不足两个方面，周边海域争端掣肘也是影响我国参与全球海洋治理的重要因素。面向未来，如何树立和强化负责任大国形象，如何在未来全球海洋治理中扮演更为重要的角色，是我国当前必须着力破解的重大命题。

在新的历史时期，我国提出了共建“21 世纪海上丝绸之路”“海洋命运共同体”的伟大设想，这是我国对内推进海洋强国建设、对外参与全球海洋治理的重大理论创新，也是应对全球海上挑战与危机的中国贡献。在未来国际政治经济格局深度调整、全球治理体系建设危机浮现及全球海洋治理格局行将迎来重大变革的背景下，我国应该以共建“21 世纪海上丝绸之路”倡议和“海洋命运共同体”理念为引领，合理选择参与全球海洋治理的身份定位、实施路径及相应策略，最大限度捍卫我国在全球大洋的利益和保障国家安全。

（一）积极倡导海洋命运共同体理念

2012 年，党的十八大报告明确提出了“人类命运共同体”的概念，并将其解释为“在追求本国利益时兼顾他国合理关切，在谋求本国发展中促进各国共同发展”①。2013 年 3 月 23 日，习近平主席在莫斯科国际关系学院的演讲中首次将“人类命运共同体”理念由中国推向世界。自此以后，习近平总书记通过各种场合的讲话不断丰富和发

---

① 中共首提“人类命运共同体”倡导和平发展共同发展［OL］，新华网，2012 年 11 月 10 日，http：/ /news. jcrb. com/jxsw/201211 /t20121110_ 983451. Html。

展人类命运共同体的具体内涵。2017 年，习近平总书记在党的十九大报告中明确了构建“人类命运共同体”思想内涵的核心，即“建设持久和平、普遍安全、共同繁荣、开放包容、清洁美丽的世界”。

海洋命运共同体是人类命运共同体理念在海洋领域的延伸和具体实践，其所蕴含的安危与共、维护海洋和平安宁和良好秩序的新海洋安全观，开放、包容、务实合作的海洋发展观，以及关爱海洋的海洋生态观，充分体现了世界海洋发展形势和时代要求，是中国面向全球海洋治理的智慧与贡献。2021 年，我国政府在“十四五”规划中设专节，系统阐述深度参与全球海洋治理的政策，推动构建海洋命运共同体正式列入国家发展规划。作为一种全新的理念，海洋命运共同体被国际社会的普遍接受还需要一个过程，其具体内涵、实施路径、配套机制等也需要在实践中进一步丰富和完善。未来我国一方面要通过联合国大会、联合国海洋大会以及我国举办的博鳌论坛、“一带一路”峰会等平台，积极向国际社会宣传阐释海洋命运共同体的思想内涵，让这一理念成为全球公认的海洋秩序普遍价值追求；另一方面，要在国内国际海洋治理中积极践行这一理念，尽早提出落实这一理念的具体实施方案，使之真正发挥对全球海洋治理的引导作用。

（二）坚定捍卫全球多边海洋治理体系

作为全球化的积极捍卫者，我国要利用全球最大的发展中国家身份地位，团结代表全球绝大多数人民利益的广大发展中国家，坚定维护联合国在全球海洋治理中的中心地位，坚定维护以《联合国宪章》为宗旨的国际海洋秩序。迄今为止，《联合国海洋法公约》（以下简称《公约》）仍是国际社会大多数国家都公认的实施全球海洋管理和解决海上争端的基本制度安排，也是推动全球海上多边治理、对抗美国等少数国家谋求海上霸权的基石。鉴于《公约》是特殊历史背景下国际社会相互妥协的产物，在一些制度设计上本身就存在着缺陷，如对历史性权利、岛屿、海岸相向或相邻国家间海域划界原则等方面的有关规定模糊，争端解决机制缺乏有效的执行力和约束力，对海上航行自由与安全、国际海底区域开发、水下文物遗产保护等方面规定也存在不足甚至缺失，影响了《公约》的权威性，也给国家间争端埋下了隐患。菲律宾滥用《公约》单方面推动“南海仲裁案”，尚未批准《公约》的美国滥用航行自由权利炫耀武力、威胁地区安全，就是有力的例证。因此，考虑到《公约》的时代局限性和滞后性，我国应该秉持相对灵活开放的态度。一方面，要倡导以法治海的精神，结合我国的现实利益需求合理适用及解释《公约》的制度及规则，维护《公约》的权威性，维护国际海洋秩序；另一方面，要根据全球海洋发展形势的新变化和新要求，积极推动《公约》及其他国际海上规则的修订，特别要针对岛屿制度、历史性权利、争端解决、航行自由等重要议题做好超前性预案，争取在规则修订中的主动权。

（三）主动参与和引领新的国际海上规则制定

随着科学技术的发展和人类利用海洋广度及深度的拓展，不仅原有全球性海洋问题在加剧，新的问题也不断涌现，全球海洋治理需求呈现出多样化和综合化趋势，而部分领域的国际海上治理规则仍然空白，这是当前全球海洋治理必须解决的迫切问题。人类在很长一段时间内忽视了对国家管辖海域外生物多样性（BBNJ）养护与可持续利用的治理，目前就该问题谈判相关治理规则的进度依然比较缓慢；对深海塑料的治理也还未建立明确的机制；对国际海底矿产开发与利用的治理也缺乏明晰的规则与共识①。全球气候变化引发的海上灾害防治压力加大，碳中和、碳达峰目标约束下国家间分歧解决与合作也成为国际海上合作机制建设的新课题。突如其来的新冠肺炎疫情暴露了海上公共危机治理短板，病毒突袭海上船舶，主要航线大型邮轮相继沦陷，靠岸难、停泊难使一些大型船舶成为“海上游魂”，国际社会

---

① 王发龙．全球公域治理的现实困境与中国的战略选择［J］．世界经济与政治论坛，2018（3）：128-142。

认定的“不推回”原则形同虚设，种种问题严重考验人类的道德底线和安全红线，凸显国际社会缺少应对海上危机的有效机制和处理突发事件的能力赤字①。在当前全球海上治理主体分化加剧、《公约》修订短期内很难达成协调一致意见的情势下，针对全球海上治理面临的这些新情况、新问题，应加快推进一些重点领域新的国际海上规则的制定，使之作为《公约》的补充或过渡性制度安排在相关领域的治理中发挥积极作用。在这一进程中，我国要树立负责任大国形象，坚持公平正义，凝聚国际共识，发挥引领作用，积极推动相关领域国际规则的共商共建。

（四）加快推动区域性海洋治理体系建立

以区域海洋治理为切入点，推动建立以规则和制度为支撑的区域性海洋治理体系，是适应区域一体化发展趋势、破解区域海洋发展难题、实现互利共赢发展的需要。要以21世纪海上丝绸之路为引领，着力加强与沿线国家的海洋治理合作，建立和拓展多双边蓝色伙伴关系，引导重点方向、重点地区国家共同构建稳定的区域海洋秩序。重视南海区域海洋治理体系建设，以《南海各方行为宣言》的多边框架和共识为基础，以更加务实的外交推动“南海行为准则”的谈判磋商，推进地区内国家就生态环境修复、渔业资源养护、海上溢油处置、航道安全维护、海洋垃圾处理等领域开展务实合作，逐步形成包含规则和制度、行动计划、实施项目等在内区域海洋治理体系②。以冰上丝绸之路建设为引领，加强与俄罗斯在北极区域开发与治理方面的合作，积极维护我国在北极地区的利益。发挥上海合作组织的平台作用，加强与印度的海上合作，积极参与印度洋区域海洋治理。

---

① 傅梦孜，陈旸．大变局下的全球海洋治理与中国［J］．现代国际关系，2021（4）：1-9。

② 吴士存．全球海洋治理的未来及中国的选择［J］．亚太安全与海洋研究，2020（5）：3-22。

（五）努力提升参与全球海洋治理基础能力

适应参与全球海洋治理的需要，对接国际海洋管理机构设置，完善国内涉海管理机构职能，加强海洋管理国际化人才储备。强化国家海洋战略、规划、政策的顶层设计，从经济、政治、安全、军事、文化等各个领域为中国参与全球海洋治理确立准则和框架。补齐国内海洋立法短板，推进“海洋基本法”立法，对《中华人民共和国领海及毗连区法》《中华人民共和国专属经济区和大陆架法》中不适应时代要求的有关条款适时进行修订和完善，探讨制定“专属经济区海洋科学研究管理实施细则”，为中国涉海维权和深度参与全球海洋治理根除潜在的国内法律冲突和隐患①。高度重视海洋领域国际传播力的提升，科学运用新媒体新平台和国际传播能力建设成果，进一步优化外宣工作方式方法，讲好中国的“海洋故事”，讲好中国人民的“海洋观”，努力构建更为有利的国际海洋话语体系②。

主要参考文献

蔡振伟 林勇新．2016. 油气合作与 21 世纪“海上丝绸之路”建设［J］．经略海洋，(7)：44-46.

曹颖．2003. 加速国际海底区域资源开发产业化的战略思考［J］．海洋开发，(1)：57-60.

曹忠祥．2018. 深化人文交流助力“一带一路”建设的思路与对策［J］．中国经贸导刊，(3)：47-49.

曹忠祥．2019. 对海上丝绸之路国内沿海区域布局的思考［J］，中国发展观察，(16)：36-40.

---

① 吴士存．全球海洋治理的未来及中国的选择［J］．亚太安全与海洋研究，2020（5）：3-22。

② 刘巍．海洋命运共同体：新时代全球海洋治理的中国方案［J］．亚太安全与海洋研究，2021（4）：32-45。

曹忠祥，公丕萍，赵斌．2020. 走向2020的“一带一路”建设：新进展、新形势和新举措［J］．大陆桥视野，(4)：44-48.

陈盼盼．2019. “21世纪海上丝绸之路”背景下中国—东盟渔业合作法律机制的构建［J］．中华海洋法评论，(2)：72-94.

陈旭，鄢波．2021. 中国与“一路”沿线国家水产品贸易概况分析［J］．现代商贸业，(19)：20-22.

樊兢．2018. “21世纪海上丝绸之路”海洋产业合作研究——基于中国与26个沿线国家的实证分析［J］．改革与战略，(11)：93-101.

傅梦孜，陈旸．2021. 大变局下的全球海洋治理与中国［J］．现代国际关系，(4)：1-9.

公丕萍，卢伟，曹忠祥．2018. “一带一路”建设最新进展、形势变化与2018年推进策略［J］．大陆桥视野，(1)：28-33.

国观智库政策研究中心．2019. “一带一路”中国海外港口项目战略分析报告［OL］. http：//www.grandview.com/Uploads/file/20200304/1583310568527774.pdf［2019-4-15］.

国家发展改革委，国家海洋局．2017. “一带一路”建设海上合作设想［EB/OL］. http：//cpc.people.com.cn/n1/2017/0620/c64387-29351311.html［2017-06-20］.

国家海洋信息中心．2019. 2019中国海洋经济发展指数［EB/OL］．http：//www.mnr.gov.cn/zt/hy/2019zghyjjblh/mtsy_34145/201910/t20191017_2471939.html［2019-10-20］.

国家开发银行“海上丝绸之路战略性项目实施策略研究：重点国家的战略评估与政策建议”课题组．2018. “21世纪海上丝绸之路”背景下的我国海洋产业国际合作［J］．海洋开发与管理，(4)：3-8.

扈琼琳．2017. 21世纪海上丝绸之路面临的非传统安全问题研究［J］．江汉大学学报（社会科学版），(3)：76-80.

江天骄．2016. “一带一路”上的政治风险——缅甸密松水电站项目和斯里兰卡科伦坡港口城项目的比较研究［J］．中国周边外交学刊，(1)：94-107.

姜秉国，韩立民．2011. 深海战略性矿产资源开发的理论分析［J］．中国海洋大学学报（社会科学版），(2)：114-119.

李骁，薛力．2015. 21世纪海上丝绸之路：安全风险及其应对［J］．太平洋学报，23（7）：50-64.

李宇航，王文涛，李晓敏，等. 2019. 我国海洋科技发展与“一带一路”国家合作研究［J］. 海洋技术学报，(3)：100-106.

刘二森. 2018. 全球海洋工程装备市场 2017 年回顾与 2018 年展望［EB/OL］. http：//www. cssc. net. cn/component_ news/news_ detail. php? id=27164［2018-07-02］.

刘鹏，胡潇文. 2017. 国际机制视角下的“21 世纪海上丝绸之路”建设［J］. 印度洋经济体制研究，(3)：1-22.

栾维新，曹颖. 2005. 中国国际区域资源开发战略及关键技术选择［J］. 地域研究与开发，(4)：5-11.

罗圣荣，赵祺. 2021. 美国“印太战略”对中国－东盟共建“21 世纪海上丝绸之路”的挑战与应对［J］. 和平与发展，(3)：115-138.

孟芳，周昌仕. 2018. 中国对“海上丝绸之路”沿线国家和地区水产品出口贸易影响因素的实证分析［J］. 对外贸易，(5)：28-33.

钱彤，熊争艳，刘劼，等. 2012. 中共首提“人类命运共同体”倡导和平发展共同发展［N］. http：//www. xinhuanet. com//politics/2012 - 11/10/c _ 113657062. htm［2020-07-10］.

史育龙，曹忠祥，卢伟，等. 2017.“一带一路”建设为世界经济增长提供新动能［J］. 紫光阁.(4)：38-41.

王发龙. 2018. 全球公域治理的现实困境与中国的战略选择［J］. 世界经济与政治论坛，(3)：128-142.

王建强，赵青芳，梁杰，等. 2020. 海上丝绸之路沿线深水油气资源勘探方向［J］. 地质通报，(203)：219-232.

吴士存. 2020. 全球海洋治理的未来及中国的选择［J］. 亚太安全与海洋研究，(5)：3-22.

徐丛春，胡洁. 2020.“十三五”时期海洋经济发展情况、问题与建议［J］. 海洋经济，(5)：57-64.

游启明. 2021.“海洋命运共同体”理念下全球海洋公域治理研究［J］. 太平洋学报，(6)：62-72.

张偲，王淼. 2018. 海上丝绸之路沿线国家蓝碳合作机制研究［J］. 经济地理，(12)：25-59.

张茗. 2013. 全球公域：从“部分”治理到“全球”治理［J］. 世界经济与政治，

（11） 57-77.

张涛 . 2017. 聚焦国际海底矿产资源开发规章的研究和建立［N/OL］. http：//news. mnr. gov. cn/dt/zb/2017/kczu/beijingziliao/201705/t20170518 _ 2127702. html［2017-05-19］.

张梓太 . 2017. 构建我国深海海底资源勘探开发法律体系的思考［J］. 中州学刊，(11)：52-56.

赵旭，高苏红，王晓伟 . 2017. “21 世纪海上丝绸之路”倡议下的港口合作问题及对策［J］. 西安交通大学学报（社会科学版），(6)：66-74.

赵旭，王晓伟，周巧琳 . 2016. 海上丝绸之路战略背景下的港口合作机制研究［J］. 中国软科学，(12)：5-14.

赵忆宁 . 2015-03-27. 科伦坡港口城项目不是中国的海外“飞地”［N］. 21 世纪经济报道，7.

郑凡 . 2019. 从海洋区域合作论“一带一路”建设海上合作［J］. 太平洋学报，(8)：54-66.

邹志强，孙德刚 . 2020. 港口政治化：中国参与“21 世纪海上丝绸之路”沿线港口建设的政治风险探析［J］. 太平洋学报，(10)：80-94.

第七章 海洋发展空间拓展的科技支撑

海洋竞争实质上是高科技的竞争，科技水平决定了海洋开发的深度与广度，强劲的海洋科技实力与创新能力是海洋强国的基本特征之一。经过几十年的发展，我国海洋科技整体实力有了比较大的提升，对海洋开发与保护及海洋经济发展发挥了重要支撑作用，但海洋科技发展的总体水平仍然不高，与发达海洋国家相比差距明显。在海洋开发向纵深推进、海洋技术向高精尖化发展和国际海洋竞争更加激烈、以美国为首的西方国家强化对我国科技封锁的新形势下，科技对海洋发展的制约作用更加凸显，科技创新的难度在增加，提高创新能力的紧迫性在增强，客观上要求我国把科技发展、特别是提高科技自主创新能力作为海洋发展空间拓展和高质量发展的头等大事。

一、我国海洋科技发展的主要成效

从 20 世纪 90 年代开始，国家和沿海地区大力提倡并实施科技兴海战略。经过十几年的发展，大量新海洋科技成果诞生，一大批重要的海洋科技成果转化为现实生产力，促进了海洋传统产业升级和新兴海洋产业的培育与发展，提高了海洋可持续发展能力，科技兴海取得了较为丰硕的成果。

（一）海洋技术创新取得突破性进展

近年来，我国在海洋观监测、海洋资源开发和产业发展、海洋重大技术装备和工程平台等方面技术取得了较快发展。在海洋观测监测方面：我国海洋卫星实现了从单颗星向系列化、从单一要素向多模遥感、从试验应用向业务应用的跨越，自主海洋卫星体系基本建立，全面赶超世界先进水平；我国研发的深海地震仪目前已得到广泛应用，实现了在万米深渊的布设条件和长期观测的能力；深海大地电磁仪的研发已经趋于成熟；深海移动地震观测设备也在迅速开发研制中；大型海底观测网络系统、潜标观测网也开始规划、设计或建成。此外，我国海洋标准计量国际合作深入推进。亚太区域海洋仪器检测评价中心成功运行，组织了17个国家的25个实验室开展首届海水盐度国际比对并制定了相关国际比对规则，确立了我国在海水盐度国际比对中的权威地位①。在海洋资源开发和产业适用技术领域：海洋生物育种、生态化养殖、海洋牧场技术得到了较快发展，海洋生物资源利用技术创新也对海洋生物医药和海洋生物制品产业的发展发挥了重要支撑作用；在蒸发器、蒸汽喷射泵、膜组器和高压泵等关键装备材料技术研究和产业化开发方面取得突破性进展，已全面掌握反渗透和低温多效海水淡化技术，并达到或接近国际先进水平，国产海水淡化成套装备已出口东南亚国家；海洋能技术已经从实验室研究成功进入应用领域，已形成50余项海洋能新技术和新装备，部分技术达到国际先进水平，成为亚洲首个、世界第3个实现兆瓦级潮流能并网发电的国家，山东浅海试验场、浙江舟山潮流能试验场和广东万山波浪能试验场等国家级海洋能海上试验场已陆续启动②。海洋重大技术装备和工程平台建设技术取得了长足发展，已基本形成海洋资源开发工程、海洋空间利用工程、海洋装备制造工程、海洋管理和服务工程、海洋军事工程五大类型的工程体系。据不完全统计，2010—2019年全国海洋工程数量累计为9 893项，用海总面积为326 351公顷，其中2019年新增海洋工程586项，新增用海面积57 111公顷，十年来新增海洋工程数量维持在高位水平③。海洋石油981钻井平台、深水潜器、深海半潜式智能“超级渔场”装备，以及规划酝酿中的载人深海空间站、

①② 曲探宙. 我国海洋科技创新发展的回顾与思考［J］. 海洋开发与管理，2017，34（10）：6-9。

③ 单亦石，毛可佳. 我国海洋工程的发展现状及远景展望［J］. 海洋开发与管理，2021，38（8）：77-81。

深海综合大洋钻探考察船、海底观测网等，为深海探测、观测创造了前所未有的工作环境。这些成就极大地缩小了我国与发达海洋国家在技术上的差距，我国甚至在个别技术领域已经开始起到引领带头作用①。

（二）海洋科技创新活力显著增强

近年来，我国海洋科研成果专利申请活跃，海洋科技创新效率明显提升。通过科技从业人员、经费投入和专利申请情况的对比分析，能简单反映科技创新活力的变化。从海洋科技从业人员来看，近年来呈现出较快增长势头。2006—2011 年我国海洋科研从业人员年均增长率高达全国整体增长率的 3 倍以上，2012—2015 年仍保持约为全国 2 倍的增速。从海洋科技经费投入来看，与全国整体情况相比，我国在海洋领域的科研经费投入相对较低。2012—2015 年，我国海洋领域的科研经费内部支出增长为 10.74%，低于全国整体水平 0.58 个百分点，2015 年海洋科研经费内部支出占比仅为 7.8%。与此相对，近年我国海洋领域专利申请量保持着较强的增长态势。2013 年以来，随着海洋经济进入转型发展阶段，海洋经济增速明显下滑，虽然在科研经费投入、人员投入、专利成果方面增速较以往明显下降，但是与全国整体水平相比，海洋领域科技创新活力仍然较强。2012—2015 年间海洋领域科技发明专利授权量年均复合增长率高出全国整体水平 8.01 个百分点。2015 年，在海洋领域科研经费、科研活动从业人员占全国整体科研领域比重均低于 10%的情况下，海洋领域科技发明专利申请量和发明专利授权量分别占全国整体的 16.6%和 20.85%②（表 7-1）。统计数据表明，2009 年海洋领域专利申请量仅有 720 个，到 2019 年海洋领域专利申请量已经高达 2 608 个。以较少的人员和经费投

---

① 李春峰．中国海洋科技发展的潜力与挑战［J］．人民论坛·学术前沿，2017（18）：34-43。

② 孙久文，高宇杰．中国海洋经济发展研究［J］．区域经济评论，2021（1）：38-47。

入撬动更多的科技研发产出，显示出海洋科技领域创新的效率明显提升。

表 7-1　中国海洋领域科技创新及整体水平对比

指标	2006—2011 年平均复合增长率（%）		2012—2015 年平均复合增长率（%）		2015 年海洋科技活动占比（%）
	全国	海洋	全国	海洋	
科研从业人员	4. 40	15. 43	1. 93	3. 96	4. 58
科研经费内部支出	18. 16	—	11. 32	10. 74	7. 80
发明专利申请量	24. 07	53. 24	14. 45	11. 49	16. 60
发明专利授权量	29. 12	43. 08	21. 72	29. 73	20. 85

数据来源：历年《中国海洋统计年鉴》和《中国统计年鉴》。2006—2010 年海洋科研机构经费内部支出数据缺失，表中所有数据均只包括科研机构统计口径的数据。

引自：孙久文，高宇杰．中国海洋经济发展研究［J］．区域经济评论，2021（1）：38-47。

（三）海洋科技创新基础能力提升

海洋人才培养和引进步伐加快。多年来，国家通过制定和实施海洋人才专项规划、留学人才引进计划、高层次人才引进办法，促进解决海洋科技人才短缺问题。以此为引领，原国家海洋局已先后与各地方政府共建了 29 所重点学校，与教育部携手成立了“涉海科教联盟”，并结合多种途径全力支持海洋领域高等教育发展，有力地促进了海洋人才培养。通过实施由高校海洋教材开发项目、高校学生实习实践项目、高校博士团走向海洋项目、访问学者项目、联合培养研究生项目为支撑的海洋人才港工程，有效地促进了产、学、研合作。通过实施留学人才引进项目，创新高层次人才引进政策措施，加大急需专业留学人才和海洋高端人才引进力度，培养骨干核心人才团队，进一步充实和壮大了研究生导师等核心骨干人才团队，增加了国际职员后备人才储备。通过“百川入海”人才工程，提升了海洋系统对各类海洋人才的引进能力。通过实施“蓝海导航”人才工程，全面提升青年人才培养系统的科学性，创新培养、吸引、再培养的模式，有力促进了青年海洋科技人才的培养。

海洋科研机构和创新基地更加完善。近些年来，我国在海洋科研机构和创新基地方向加大了投资和布局，目前已形成包括中国科学院、国务院组成部门下属科研机构和教育部及地方所属的海洋类高校等在内的系列化科研机构和创新基地，主要从事海洋科技人才培养，从学科发展的角度开展海洋前沿科学研究和技术研发（表7-2，表7-3）。截至目前，已依托涉海高校、企业、科研院和地方先后布局建设了18个国家重点实验室、4个国家工程技术研究中心、7个国家工程实验室、2个国家科技资源共享服务平台和5个国家野外科学观测研究站①。

---

① 吴园涛，段晓男，沈刚，等．强化我国海洋领域国家战略科技力量的思考与建议［J］．地球科学进展，2021，36（4）：413-420。

表 7–2 海洋领域国家级科研机构

单位名称	创建时间	地点	员工数量/人	大科学装置和平台	主要研究方向和优势学科
中国科学院海洋研究所	1950 年	青岛	735	“科学”“创新”系列科考船、近海海洋观测网络、西太平洋潜标观测网	实验海洋生物学、海洋生态与环境科学、海洋环流与波动、海洋地质与环境、海洋环境腐蚀与生物污损
中国科学院沈阳自动化研究所	1958 年	沈阳	总数 1 274 人，其中海洋领域 300 人	“海翼”水下滑翔机、“海斗一号”全海深自主遥控潜水器、“潜龙”系列自主水下机器人	水下智能装备及系统
中国科学院南海海洋研究所	1959 年	广州	656	“实验”系列科学考察船、南海海洋观测网络、中国科学院岛礁综合研究中心	热带海洋环境动力与生态过程、边缘海地质演化与油气资源、热带海洋生物资源可持续利用与生态保护和海洋环境观测体系及其关键技术
中国科学院声学研究所	1964 年	北京	857	“实验 1”号科学考察船、国家海底科学观测网	水声物理与水声探测技术、环境声学与噪声控制技术、通信声学
中国科学院烟台海岸带研究所	2006 年	烟台	229	“创新”系列科学考察船	海岸带生态环境安全、资源保护利用与可持续发展管理
中国科学院深海科学与工程研究所	2011 年	三亚	215	“探索”系列科学考察船、“深海勇士”号载人潜水器、“奋斗者”号万米载人潜水器	深海环境与生态过程、深海地质构造、沉积演变及其油气矿产资源、深海环境下的生物学特征、深海工程技术和装备

续表

单位名称	创建时间	地点	员工数量/人	大科学装置和平台	主要研究方向和优势学科
自然资源部第一海洋研究所	1958 年	青岛	600	“向阳红 01”和“向阳红 18”科学考察船	海洋资源与环境地质、海洋灾害发生机理及预测方法、海气相互作用与气候变化、海洋生态环境变化规律和海岛海岸带保护与综合利用
自然资源部第三海洋研究所	1959 年	厦门	435	“向阳红 03”科学考察船、国家级深海微生物资源库	深海生物研究与海洋生物资源开发利用、全球变化与区域海洋响应、海洋生物多样性与生态系统保护、应用海洋学
自然资源部第二海洋研究所	1966 年	杭州	400	“向阳红 10”科学考察船、“大洋”号大洋综合资源调查船	海底科学与深海勘测技术、海洋动力过程与数值模拟技术、卫星海洋学与海洋遥感、海洋生态系统与生物地球化学、工程海洋学
中国水产科学研究院黄海水产研究所	1947 年	青岛	403	“蓝海 101”号、“北斗”号、“中渔科 101”号、“中渔科 102”号海洋渔业综合调查船	海洋生物资源开发与可持续利用研究
中国水产科学研究院南海水产研究所	1953 年	广州	310	“南锋”号、“南锋 2”号渔业资源调查船	南海区域从事热带亚热带水产基础与应用基础研究、水产高新技术和水产重大应用技术研究

续表

单位名称	创建时间	地点	员工数量/人	大科学装置和平台	主要研究方向和优势学科
中国水产科学研究院东海水产研究所	1958 年	上海	450	“蓝海 201”海洋渔业综合科学调查船	远洋与极地渔业资源开发、河口与近海渔业生态学、渔业资源保护及利用等

资料来源：吴园涛，段晓男，沈刚，等．强化我国海洋领域国家战略科技力量的思考与建议［J］．地球科学进展，2021，36（4）：413-420。

表 7-3 我国海洋领域国家科技创新基地建设布局情况

科技创新基地类型	科技创新基地名称	建设依托单位	成立时间	建设地点	主管部门
试点国家实验室	青岛海洋科学与技术试点国家实验室	科技部、山东省、青岛市	2013 年批复、2015 年试点	山东青岛	科学技术部
学科国家重点实验室	声场声信息国家重点实验室	中国科学院声学研究所	1978 年	北京	中国科学院
	海岸和近海工程国家重点实验室	大连理工大学	1986 年	辽宁大连	教育部
	河口海岸学国家重点实验室	华东师范大学	1989 年	上海	教育部
	海洋工程国家重点实验室	上海交通大学	1992 年	上海	教育部
	近海海洋环境科学国家重点实验室	厦门大学	2005 年	福建厦门	教育部
	海洋地质国家重点实验室	同济大学	2005 年	上海	教育部
	卫星海洋环境动力学国家重点实验室	自然资源部第二海洋研究所	2006 年	浙江杭州	自然资源部
	热带海洋环境国家重点实验室	中国科学院南海海洋研究所	2011 年	广东广州	中国科学院

续表

科技创新基地类型	科技创新基地名称	建设依托单位	成立时间	建设地点	主管部门
企业国家重点实验室	深海矿产资源开发利用技术国家重点实验室	长沙矿冶研究院	2007 年	湖南长沙	国资委
	海洋石油高效开发国家重点实验室	中海油研究总院	2010 年	北京	国资委
	海上风力发电技术与检测国家重点实验室	湘潭电机股份有限公司	2010 年	湖南湘潭	湖南省科技厅
	海洋涂料国家重点实验室	海洋化工研究院有限公司	2010 年	山东青岛	青岛市科技局
	海洋装备用金属材料及其应用国家重点实验室	鞍钢集团公司	2015 年	辽宁鞍山	辽宁省科技厅
	海藻活性物质国家重点实验室	青岛明月海藻集团有限公司	2015 年	山东青岛	青岛市科技局
	深海载人装备国家重点实验室	中国船舶重工集团公司第七〇二研究所	2015 年	江苏无锡	国资委
	天然气水合物国家重点实验室	中海油研究总院	2017 年	北京	国资委
国家工程技术研究中心	国家海洋药物工程技术研究中心	中国海洋大学、青岛华海制药厂	1996 年	山东青岛	教育部
	国家海藻工程技术研究中心	山东东方海洋科技股份有限公司	2007 年	山东青岛	山东省科技厅
	国家海水利用工程技术研究中心	自然资源部天津海水淡化与综合利用研究所	2007 年	天津	自然资源部
	省部共建南海海洋资源利用国家重点实验室	海南大学	2016 年	海南海口	海南省科技厅
国家工程研究中心	南海海洋生物技术国家工程研究中心	中山大学	2002 年	广东广州	教育部

续表

科技创新基地类型	科技创新基地名称	建设依托单位	成立时间	建设地点	主管部门
国家工程实验室	海洋石油勘探国家工程实验室	中海油研究总院	2011 年	北京	国资委
	海洋工程总装研发设计国家工程实验室	中国船舶工业集团公司第七〇八研究所	2016 年	上海	国资委
	海洋工程机电设备国家工程实验室	武汉船用机械有限责任公司	2016 年	湖北武汉	国资委
	海洋物探及勘探设备国家工程实验室	中国石油大学（华东）	2016 年	山东东营	教育部
	船舶与海洋工程动力系统国家工程实验室	中国船舶重工集团公司第七一一研究所	2016 年	上海	国资委
	海洋工程装备检测试验技术国家工程实验室	中国船舶重工集团公司七五〇试验场	2016 年	云南昆明	国资委
	海洋水下设备试验与检测技术国家工程实验室	青岛国家海洋设备质检中心集团有限公司	2016 年	山东青岛	山东省发改委
国家科技资源共享服务平台	国家海洋水产种质资源库	中国水产科学研究院黄海水产研究所	2011 年	山东青岛	农业农村部
	国家海洋科学数据中心	国家海洋信息中心	2018 年	天津	自然资源部

续表

科技创新基地类型	科技创新基地名称	建设依托单位	成立时间	建设地点	主管部门
国家野外科学观测研究站	山东胶州湾海洋生态系统国家野外科学观测研究站	中国科学院海洋研究所	2005 年	山东青岛	中国科学院
	广东大亚湾海洋生态系统国家野外科学观测研究站	中国科学院南海海洋研究所	2005 年	广东大亚湾	中国科学院
	海南三亚海洋生态系统国家野外科学观测研究站	中国科学院南海海洋研究所	2006 年	海南三亚	中国科学院
	山东青岛海水大气环境材料腐蚀国家野外科学观测研究站	钢铁研究总院青岛海洋腐蚀研究所	2007 年	山东青岛	国资委
	浙江舟山海水环境材料腐蚀国家野外科学观测研究站	钢铁研究总院舟山海洋腐蚀研究所	2007 年	浙江舟山	国资委

资料来源：吴园涛，段晓男，沈刚，等．强化我国海洋领域国家战略科技力量的思考与建议［J］．地球科学进展，2021，36（4）：413-420。

（四）海洋科技规划和政策引领作用增强

国家围绕海洋科技发展，加强相关规划、政策的制定与落实，对引领海洋科技发展方向、优化海洋科技发展环境发挥了积极作用。在涉海科技规划方面，近年来国家先后制定并出台了《全国科技兴海规划（2016—2020年）》《“十三五”海洋领域科技创新专项规划》，并围绕重点领域发展制定了《全国海水利用“十三五”规划》《海洋可再生能源发展“十三五”规划》《全国海洋标准化“十三五”发展规划》和《全国海洋计量“十三五”发展规划》等专项规划。在科技政策方面，2015年1月国家正式下发了《关于深化中央财政科技计划（专项、基金等）管理改革的方案》，明确将国家重点研发计划作为重大改革举措之一，海洋公益性行业科研专项被整合其中。按照这一要求，海洋领域涉及海洋环境安全保障、深海关键技术与装备、高性能计算、海洋环境安全保障、深海关键技术与装备、水资源高效开发利用等研发方向的数十个重点专项获得立项支持。海洋公益专项通过不断创新和深化管理，在建设海洋强国、解决海洋经济社会发展的科技“瓶颈”和推进海洋科技创新发展方面发挥了越来越大的作用，对实施“科技兴海”战略起到重要支撑作用①。

二、当前海洋科技发展面临的主要问题

总体上，我国海洋科技发展的仍不能适应海洋发展形势和需要，无论从科技发展水平、科技成果转化还是从科技创新的体制制度环境及人才支撑来看，都还存在明显的不足与短板。

（一）海洋科技发展整体水平相对较低

虽然最近几十年我国在海洋科技方面取得了长足发展，但是过去

---

① 曲探宙．我国海洋科技创新发展的回顾与思考［J］．海洋开发与管理，2017，34（10）：6-9。

我国很多科技创新活动还是以跟踪和模仿居多，原创性引领性成果偏少，海洋科技发展的总体水平仍然偏低，突出表现在基础研究滞后、海洋技术发展水平低、重点领域关键核心技术差距较大、创新能力有待提高等方面。我国海洋工程装备技术总体处于中等略偏上水平，但核心零部件研发制造能力较低，国产化率低于20%，关键技术基本由欧美企业垄断。深海技术和装备总体水平落后发达国家10年左右，个别领域如海洋材料与工艺、通用技术设备等落后20年。海洋生物产业关键技术亟待完善与集成，海洋微生物菌株的筛选、改造及大规模发酵、海洋活性天然产物的大规模高效制备、海洋创新药物研发等仍处于孕育期。海水淡化基础研究不足，具有自主知识产权的关键技术较少，设备制造及配套能力较弱，反渗透海水淡化的核心材料和关键设备主要依赖进口，国产化率不到50%。深海水下机器人焊接技术一直难以提升，高端焊接电源技术受制于人。海上风电场设计、整机制造、芯片和软件设计等与国际先进水平仍有较大差距①。

以深海工作站和载人深潜方面的发展为例。早在20世纪60年代，美国就提出水下工作站的概念，研制了一艘核动力研究潜艇NR-1号②③，目前正在研制NR-2型军民两用深海作业装备，正在酝酿的"海洋大气海底综合研究"平台将可能成为世界上第一个深海研究基地。此外，自20世纪90年代开始，俄罗斯联合挪威等国家围绕北极海洋油气开发研制了具备强大深海探测作业能力的核动力深海空间站，目前仍在积极开展"多功能水下工作站"研究；日本也于2014年提出了"海底城市"的概念，计划2030年建成移动的海底城市。载人深潜器方面，美国早在1964年就建造出了下潜作业深度达到4 500米的"阿尔文（Alvin）"号载人潜水器，法国于1985年就

① 盛朝迅．促进海洋战略性新兴产业高质量发展．经济日报，2020. 8. 21 https：//baijiahao. baidu. com/s? id=1675605382129336355&wfr=spider&for=pc。

② 郭亚东．神秘怪异的NR-1［J］．环球军事，2009，193（5）：26-27。

③ 吉雨冠，程荣涛．深海空间站导航技术初探［J］．船舶，2011，22（6）：48-50+53。

研制成了最大下潜深度可达 6 000 米“鹦鹉螺（Nautile）”号潜水器[①]，日本也于 1989 年建成了当时创造 6 527 米载人潜水器深潜纪录的“深海 6500”潜水器[②]，俄罗斯已成为目前世界上拥有载人潜水器最多的国家。我国虽然于 20 世纪 90 年代初就开始在深海空间站技术领域开展相关论证和关键技术研究，但是早期工作进展十分缓慢，直到十多年的发展才获得突破，2013 年首个实验型深海移动工作站完成总装，并在次年进行了海试，2015 年首次成功实现自治式潜器与深海空间站对接的关键技术验证，目前正在研发被称为“龙宫一号”小型深海空间站。

类似的海洋科技差距在大洋钻探平台、海底观测网、海洋机器人等领域也同样存在。美国的大洋钻探平台在 50 年前就已经开始了全球的科学发现，创立了辉煌的科学成就。早期海底观测网的雏形也起始于大约 30 年前，在这方面我们比欧美发达海洋强国落后许多[③]。

海洋科技整体水平低，海洋装备关键设备国产化率低，海洋技术不能适应海洋资源开发和海洋产业发展的需要，海洋生态环境保护技术水平难以满足现实生态环境保护工作的需求，海上主权权利主张缺乏充足的科技成果支撑，这些都是当前我国须尽快破解的命题。

（二）海洋科技成果转化滞后和机制不完善

在创新成果转化方面，我国一直在追赶世界海洋强国的步伐。美国不仅在海洋科技创新领域牢牢占据世界首位，而且近年来颁布的海洋科技政策更加注重成果的转化，尤其是面向大众的转化，着力满足

---

① Leveque J P, Drogou J F. Operational overview of NAUTILE deep submergence vehicle since 2001, Proceedings of Underwater Intervention Conference, New Orleans, LA, Marine Technology Society, 2006.

② Nanba N, Morrihana H, Nkamura E, et al. Development of deep submergence research vehicle “SHINKAI 6500”, Techn Rev Mitsubishi, Heavy Industries Ltd, 1990, 27: pp. 157-168.

③ 李春峰 . 中国海洋科技发展的潜力与挑战［J］. 人民论坛 · 学术前沿，2017（18）：37-43。

社会公众的需求。与美国相比我国仅有“蛟龙”号、“海马”号、“深海勇士”号等少数自主研发产品，海洋科技自主创新仍有待提高；在科技成果转化方面，中国海洋科技对海洋产业的贡献率不到40%，与美国70%以上的贡献率差距较大，成果没有转化为现实生产力，无法有效发挥促进经济发展的作用，海洋科技创新推动经济发展亟待破题。① 一方面，由于体制机制的设计、国家投入以及科研队伍等方面的原因，我国海洋科技成果大多集中在大学和研究机构，国家各部门缺乏完善的鼓励成果转化的措施和激励机制，加上国内技术成果竞争力还偏弱，商业模式落后，无法形成盈利，造成多数研究机构和企业不愿面向市场转化成果。另一方面，由于海洋技术市场发育滞后，业务层次不高，权威技术评估机构较少，对新技术不能严格把关，技术商品的价格偏低。

（三）海洋科技研发资金投入不足且渠道单一

海洋科技竞争力的形成需要长期的累积投入。我国一直高度重视海洋科技创新，国家对海洋科技的资金投入保持了持续稳定的增长态势，中央财政对海洋科技的经费投入连续3个“五年”规划实现较大幅度增长，目前投入规模仅次于美国，已成为增加最快的国家。然而虽然我国目前的海洋科技经费投入与美国的差距在不断缩小，但从累计投入来看，差距仍很悬殊。美国长期保持着对海洋科技的高水平稳定投入状态，21世纪初期海洋开发经费已达数百亿美元，为海洋科技的深层次研究提供了雄厚的资金支持②。中国在科研资金投入方面，资金来源渠道相对单一，国家是投资主体，虽然投入数量在不断增长，但由于立项科研项目较多，海洋技术开发又具有投资大、周期长

① 陈宁，赵露．美国海洋科技政策特征及其对中国的启示［J］．科技导报，2021，39（8）：9-16。

② 全立梅，王守栋，王素焕，等．国外海洋科技创新体系对天津的启示［J］．天津科技，2018，45（12）：11-15。

等特性，使得平均分配到每一个项目上的资金相对不足，现有资金不足以完全支撑已有研究的进展①。我国1996年才将海洋高技术研发列入国家863计划，“九五”期间国家投入约3.6亿元，“十五”期间投入约8.7亿元，近3个“五年”规划时期，我国来源于民口的海洋科技经费累计投入大约仅相当于美国的1/2②。

从海洋科技创新投入的结构来看，在研究、开发、推广三阶段经费投入的合理比例大体应该是1∶10∶100，但是目前我国海洋科技研发主体经费用于技术研究，用于产品开发和转化的经费存在较大缺口，导致许多看似优秀的海洋科技成果或者在实验室束之高阁，或者实际应用过程中的稳定性、可靠性差。以海洋仪器设备研发为例，虽然近年来国家对海洋技术研发投入经费总体保持着较快增长，但在项目经费各科目设置和分配上，海试所需的经费却面临较大缺口，造成多数海洋仪器装备不能系统规范地开展海上试验验证，一些基本的验证性试验也难以有效保障，产品化指标的检验遇到困难，试验的程度很不充分，难以对技术成熟度做出相对科学客观的评价，致使海洋技术发展很难走出“研制—搁置—落后—再研制—搁置”的死循环③。

（四）海洋人才供给不能满足需求

我国海洋科技人才总体储备不足，特别是新兴科技领域人才、海洋复合型人才、顶尖人才和国际化人才方面存在明显缺口，海洋教育资源配置不合理是面临的突出问题。复合型海洋人才在知识结构方面具有更高的要求，不仅要具有专业的海洋知识，又要对外语、法律以及政治、经济等各方面都有所涉及，要强化文理交叉。而我国目前的

---

① 陈宁，赵露．美国海洋科技政策特征及其对中国的启示［J］．科技导报，2021，39（8）：9-16。

② 李晓敏，王文涛，揭晓蒙，等．中美海洋科技经费投入对比研究［J］．全球科技经济瞭望，2020，35（12）：35-39+47。

③ 钱洪宝，向长生．海洋科技成果转化及产业发展研究初探［J］．海洋技术，2013，32（4）：129-131。

海洋教育主要强调“专才”而非“通才”，涉海学科专业分布明显呈现出社会学科少、自然学科多的特点，主要围绕渔业和船舶两个主要学科，海洋人文社科类专业面临较为严重的人才不足问题①。从学科建设上看，海洋人文社会科学相较处于更弱势的地位，比如海洋经济学、海洋法学、海洋管理学、海洋文化等相关专业都处于萌芽状态，只有在某些特色涉海院校才专门设置了这些专业，但尚未形成独立的学科体系。同时，海洋人才的地区分布也不均衡，海洋高等教育主要分布在北京和山东省、广东省、浙江省等海洋经济强省，河北省、海南省、广西壮族自治区海洋人才匮乏。从海洋高端人才来看，高层次海洋人才供给的严重不足已经成为阻碍我国海洋高新技术发展的瓶颈。有数据显示，我国涉海领域的中国工程院、中国科学院院士和享受国务院特殊津贴或者荣获突出贡献的青年专家人数明显少于其他领域，在国家顶级专家队伍中海洋领域人才占比极低②。就登记于世界海洋专家数据库的专家来看，我国的专家还不到全球的1%，只有不到100人，仅是美国的5%。造成这一问题的原因，主要与我国高层次海洋人才引进与培养缺位有关。

三、海洋科技创新的方向与重点

世界已进入全面开发利用、合理保护和科学管理海洋的时代，依靠科技成果转化应用和产业化，推动海洋经济发展，促进生态系统良性循环，加强海洋管理，已经成为沿海国家的重要任务。我国已进入大规模、多方式开发利用海洋以及推进海洋经济发展方式转变的新时期，推进海洋高质量发展、提高海洋领域国际竞争力、提升参与全球海洋治理能力，都需要海洋科技保驾护航，海洋科技创新面临的形势

---

① 王琪，王璇．我国海洋教育在海洋人才培养中的不足与对策．科学与管理，2011（6）：62-68。

② 中国人力资源构成新变化——享受国务院政府特殊津贴专家达16.2万人．领导决策信息，2011（22）：27。

更加紧迫、任务更加艰巨。未来我国海洋科技创新要重点围绕以下几个方面予以推进。

（一）加强海洋基础研究

基础研究是新科技革命的先导，是大国打造核心竞争力的重要着力点，因此，要重视原创性理论方法和颠覆性技术创新。围绕海洋基础理论储备优化学科设置，重点围绕深海过程与圈层相互作用、深海大洋生态系统动力学、陆海相互作用以及海洋综合观测系统与科学实验方向进一步加强海洋领域的基础性研究，重视海洋科学与地球科学其他学科以及信息科学、环境科学、工程技术等领域的交叉与融合[①]。重视海洋基础研究能力建设，加强海洋科学研究平台的优化整合，加大研究的人力和经费投入，推进海洋科研设施的共建共享，着力补齐海洋观测、调查仪器设备等方面基础性、关键性能力短板。探索建设大洋钻探船、海洋科学卫星等重大科学基础设施，探索建立共建共享共用机制，为全面提高海洋原始创新能力提供有力的保障[②]。

（二）推动重点海洋领域关键核心技术攻关

围绕海洋工程和装备、海洋资源开发、海洋生态环境保护和海洋管理等领域突破一批关键核心技术。在海洋工程和装备领域，以绿色船舶技术和深远海运载与工程装备技术为重点，推动形成完备的海洋科考、渔业资源开发、海洋油气开发、海上运输、海上执法及海上综合保障装备体系[③]。重视深远海、大洋、极地通用技术研发，加快发

---

① 国家自然科学基金委员会．国家自然科学基金“十三五”发展规划［N］．http：//www.china.com.cn/zhibo/zhuanti/ch-xinwen/2016-06/14/content_38662624.htm.2016-06-14。

② 石颖，刘晓萍．以国家实验室为抓手推进科技创新体制机制改革［J］．中国经贸导刊，2020（8）（下）：30-33。

③ “中国海洋工程与科技发展战略研究”项目综合组．海洋工程技术强国战略［J］．中国工程科学，2016，18（02）：1-9。

展深远海和大洋调查探测技术与装备，突破海洋调查、探测工程与装备技术“瓶颈”。加快推进海洋新材料的研究与开发，推动环保、节能、节约资源、高性能和功能化的船舶与海洋工程防腐涂料的发展，促进“易焊性、耐腐蚀、高强度、高韧性、高止裂”高性能钢的研发与设计，以满足海洋工程装备的需要①。在海洋资源开发和产业发展领域，聚焦海洋渔业、海洋生物资源综合利用、海洋高端装备制造、海洋新材料制造、海洋生态产业等产业发展，加快实施海洋生物育苗育种、现代海洋牧场、海洋生物医药和高端生物制品、海水淡化、海洋资源探测和环境检测、海洋电子信息、海洋新材料、海洋碳汇等关键技术攻坚行动，破解制约海洋传统产业迭代升级和新兴产业培育的技术瓶颈。在海洋生态环境保护和管理领域，突破海洋环境监测、观测和预警预报核心技术，开发海洋生态修复与治理关键技术，积极推进深海环境调查与保护相关技术研发。

专栏 7-1 海洋产业发展关键技术

海洋渔业和生物资源高效利用技术。特色海珍品育种技术；现代海洋牧场生物资源高效探测与评估、高效增殖放流、生态立体化养殖、养殖病虫害防治技术；海洋生物多肽、生物寡糖和创新药物制备技术；海珍品精深加工技术；贝壳、网衣、浮球、鱿鱼加工和副产物资源化利用技术。

海洋高端装备制造和电子信息技术。海洋资源探测和观测监测、检验检测通用设备技术；深远海大型养殖设备、绿色环保船舶、海水淡化棒等技术；特种船舶新能源和新型动力系统、船舶尾气排放在线分析等相关技术；海洋牧场示范区环境监测、基于大数据平台的实时监测与预

① 刘明．学习领悟习近平关于海洋科技创新的重要论述．中国海洋报，https://baijiahao.baidu.com/s?id=1647419207608946880&wfr=spider&for=pc。

报预警等技术；远洋渔业船联网建设。

海洋新材料制造技术。海洋生物质纤维材料、可降解医用海洋生物材料、骨组织人工修复材料、海洋防腐防污材料、高效海水淡化膜、海工装备材料、新型特种船舶纤维功能复合材料技术和核心工艺研发。

碳汇基础理论和技术。海洋微型生物碳汇过程与识别技术；典型海区碳指纹与碳足迹标识；碳汇核算与评价技术；海洋碳交易技术规范。

（三）加快海洋科技研发成果产业化

加大对海洋科技成果产业化的支持，明确海洋科研以国家安全和市场需求为导向。对海洋科技成果的研发，应从市场化、商品化的角度出发，进行选题、立项与技术开发，把重点放在成果的市场前景与实用性上，使海洋科研活动不脱离市场方向，不断推进科技成果研发与生产的联合，保证海洋科技成果顺利进行产业化。建立以政府为主导、市场为导向、企业为主体的“三位一体”的运行机制，使科研机构人员更好地发挥潜力与作用，提高企业的海洋科研实力，加速海洋科技成果的转化落地。完善科技中介机构的建设，加快培育服务于技术转移和成果转化的科技中介服务机构，重视海洋科技成果项目对接平台的搭建，推动海洋科技成果落地转化①。规范技术市场管理，加强市场法律、法规建设，加强对海洋科技产品市场公平竞争的监督，建立公平高效的市场环境。建立完备、开放、有序、竞争的技术市场体系，让企业真正成为市场的主体，确保具备行业领先水平的海洋科技企业履行其应承担的社会义务②③。探索建立以企业为主体，高校、科研院所联合研发、共同组建实验室、成立合资公司以及技术许可、

---

① 周仁国．福建省海洋科技成果产业化现状与对策［D］．集美大学，2016。

② 陆铭．国内外海洋高新技术产业发展分析及对上海的启示［J］．价值工程，2009（8）：54-56。

③ 常玉苗．海洋产业创新系统的构建及运行机制研究［J］．科技进步与对策，2012（4）：80-82。

技术转让、技术入股等多种合作模式的战略联盟，促进政产学研金服用深度融合。加大知识产权保护宣传和执法力度，强化海洋技术研发、示范、推广、应用、产业化各环节知识产权保护，营造良好创新生态。

（四）重视海洋科技人才队伍建设

根据国家海洋重要发展战略和规划部署，进一步完善海洋人才建设顶层设计。统筹规划海洋人才战略，制订切实可行的海洋人才培养计划。重视人才培养并加大人才培养和引进的相关经费的投入，建立人才发展专项资金并纳入财政预算管理，对符合国家海洋战略发展方向、在关键性技术领域有重大影响的高层次人才给予政府引导资金支持。采取无偿和有偿相结合的资助方式，依托海洋产业发展引导基金，撬动社会资本共同推进全国海洋人才战略实施。重视全国海洋基础教育和海洋终生教育，从学前教育抓起，在小学、中学教材中增加海洋知识，将海洋知识带进课堂，并通过海洋知识普及教育书籍和杂志进行海洋国土观念教育、海洋法制教育和海洋科普教育①。加快海洋高等教育改革，加大海洋院校的人、财、物资源投入，引导和支持高等院校优化学科和课程设置，鼓励涉海院校推进培养模式、师资选拔、专业设置等方面的改革创新，加强海洋领域具有学科交叉特色背景的复合型人才培养。发挥重大科技项目在人才培养中的引领作用，通过智力参与、成果转化、项目开发等多种形式达到人才团队培养的目标。建立跨区域人才合作模式，畅通人才流动渠道，破除海洋人才在固定区域、为固定单位服务的模式，促进人才资源合理配置。重视国际化人才队伍打造，有针对性地引进国际人才，加强对国际高水平人才的关注和引进方式的创新，培养本土海洋人才的国际化视野，为

---

① 徐永其，陆建兰，王凤琴．基于江苏海洋强省战略的海洋创新型人才开发保障体系建设研究［J］．大陆桥视野，2020（2）：62-65。

国内人才出国交流学习提供政策支持①。

四、加快海洋科技创新的主要路径

（一）营造良好的海洋科技创新环境

政府宏观调控和市场机制相结合优化海洋科技资源配置，为海洋科技创新营造高效、公平的发展环境。更好地发挥政府的作用，以资源集约、高效顺畅、开放共享为导向，进一步探索加快推动国家海洋科技管理体制改革和机制创新。重视国家对海洋科技发展的系统谋划和顶层设计，强化国家海洋科技规划、海洋科技政策和海洋事务管理机构的统筹协调，建立跨部门、跨行业的海洋科技统筹机制。围绕面向国家重大战略需求的导向性基础研究和应用研究，聚焦原始创新和关键核心技术攻关，加强国家海洋重点实验室、海洋工程技术中心、海洋科技资源共享服务平台等国家海洋科技创新基地建设，推动现有国家海洋科技创新基地的整合与重组，优化布局和合理配置国家海洋科技资源。发挥国家大科学计划的引领作用，积极谋划和实施海洋科技重大专项、重点研发计划，推动海洋科技资源协同创新，形成以国家战略需求为导向、以重大成果产出为目标、责权利清晰的科技资源配置模式，解决海洋科技资源配置“碎片化”“部门化”等问题。

完善市场机制，发挥市场在海洋科技资源配置中的决定性作用，围绕市场需求确立海洋科技创新的方向和重点。以有效的政策和制度安排调动企业、高校、科研院所参与海洋科技研发的积极性和主动性，促进形成国家战略科技力量、高校、企业研发机构等功能互补、良性互动的协同创新新格局。发挥企业在技术创新决策、研发投入、组织实施、成果转化等环节的主体作用，鼓励和支持企业建立研发机构、加大研发投入，参与或主导国家重大科技研发项目，支持大中小

---

① 杨继超，曾渤然，袁持平．海洋产业科技创新：省域空间差异、原因及对策［J］．四川轻化工大学学报（社会科学版），2021，36（1）：57-76。

企业和相关主体融通创新。从解决科技成果市场化的难点和堵点入手，深化海洋科技成果使用、处置和收益分配制度改革，赋予研发单位对其成果处置拥有更多的自主权。围绕科技成果产业化需求，加大中试环节支持力度，支持中试基地、中试生产线建设，搭建海洋科技成果转化的中试平台，开放涉海科技平台，为优秀科研成果提供实验场地、实验装置和资金支持。

（二）加大海洋科技创新资金投入和管理

加大海洋科技财政投入力度，持续增加海洋科技投入总量，重点突出研究风险大、产业化程度低的前瞻性海洋技术和瓶颈技术研发的支持。发挥国家科技成果转化引导基金、先进制造产业投资基金、国家新兴产业创业投资引导基金和地方海洋产业投资基金的作用，推动国家海洋科技专项、海洋重点研发计划的集成创新、转化应用和产业化，支持转化一批具有产业应用前景的科技成果。不断优化海洋科技投入结构，增加对海洋基础研究的投入，面向国家海洋发展重大需求和海洋经济主战场，针对事关国计民生、海洋产业核心竞争力的重大战略研究任务，超前部署研究计划和资金安排，做到海洋基础研究、技术研发和应用示范之间的统筹布局。强化海洋科技资金管理，着力增强资金使用和管理的“透明度”，提升海洋科技财政投资效率①。鼓励和引导涉海企业加大创新投入，改变海洋科技民间投入不足、对政府投入过度依赖的局面。

（三）深化军民科技协同创新

在海洋科技创新中兼顾军用和民用，整合军地科技资源，完善军民协同创新机制，促进军民科技互融互补和转化应用，在海洋领域培育发展一批新兴战略性产业，形成新的经济增长点和战斗力生成点。

① 李晓敏，王文涛，揭晓蒙，等．中美海洋科技经费投入对比研究［J］．全球科技经济瞭望，2020，35（12）：35-39+47。

加强海洋、空天、网络空间、生物、新能源、人工智能、量子科技等领域军民统筹发展，推动军地科研设施资源共享，推进军地科研成果双向转化应用和重点产业发展①。整合运用军地科研力量和资源，发挥海洋和海军相关高等学校、科研院所的优势，引导军地科研人员加强基础技术研究，联合攻关核心技术。构建海洋科技军民协同模式和创新成果源头供给网络，打造海洋产业集聚创新平台。优化军地海洋科技资源配置，通过海洋重大工程、重点专项和系列专项的带动，加强海洋调查观测，提高海洋认知能力，加快技术创新和成果转化，促进军民科技兼容同步发展，促进海洋科技与海洋经济的紧密融合。加强军地人才联合培养，健全军地人才交流使用、资格认证等制度②。

（四）加强沿海区域及国际海洋科技合作

鼓励沿海地区以官方和非官方组织形式推动地区间海洋科技合作，促进地区间海洋科技创新平台共建和信息共享，形成“合理产业分工合作—创新能力相互外溢”的理想共生模式。鼓励内陆地区高校、科研机构、企业积极参与海洋科技研发，加快陆上能源、装备、信息等领域相关技术向海洋领域延伸拓展，促进形成陆海协同的科技创新格局。加强国际科技合作和技术交流，充分利用国外科技资源，形成内外结合、相互促进的科技创新模式，探索共建海洋强国重大科学问题的“海洋实验室”。争取举办世界级海洋领域的科技创新会展和创新交流论坛，以此为依托进一步提升我国海洋科技与海洋经济的协同发展水平，进一步提高对接国际社会高尖端科技的能力。广泛吸纳海洋新能源、海洋装备制造、海洋医药、海洋信息等新兴高科技领域的海外企业在我国投资建厂，积极引入新兴海洋产业全产业链、技术和人才。

---

① 中华人民共和国国民经济和社会发展第十四个五年规划和2035年远景目标纲要。

② 王伟海，姜峰．推进海洋领域军民融合深度发展［J］．中国国情国力，2018（10）：26-28。

主要参考文献

常玉苗 . 2012. 海洋产业创新系统的构建及运行机制研究 [J] . 科技进步与对策，(4)：80-82.

陈宁，赵露 . 2021. 美国海洋科技政策特征及其对中国的启示 [J] . 科技导报，39 (8)：9-16.

单亦石，毛可佳 . 2021. 我国海洋工程的发展现状及远景展望 [J] . 海洋开发与管理，38 (8)：77-81.

方芳，张鹏，等 . 2011. 我国海洋科技成果产业化发展研究 [J] . 海洋技术，30 (1)：104-105.

郭亚东 . 2009. 神秘怪异的 NR-1 [J] . 环球军事，193 (05)：26-27.

吉雨冠，程荣涛 . 2011. 深海空间站导航技术初探 [J] . 船舶，22 (1)：48-50+53.

李春峰 . 2017. 中国海洋科技发展的潜力与挑战 [J] . 人民论坛 · 学术前沿，(18)：37-43.

李晓敏，王文涛，揭晓蒙，等 . 2020. 中美海洋科技经费投入对比研究 [J] . 全球科技经济瞭望，35 (12)：35-39+47.

刘明 . 2019. 学习领悟习近平关于海洋科技创新的重要论述 [N/OL] . https：//baijiahao. baidu. com/s? id=1647419207608946880&wfr=spider&for=pc [2019-10-15] .

陆铭 . 2009. 国内外海洋高新技术产业发展分析及对上海的启示 [J] . 价值工程，(8)：54-56.

钱洪宝，向长生 . 2013. 海洋科技成果转化及产业发展研究初探 [J] . 海洋技术，32 (4)：129-131.

曲探宙 . 2017. 我国海洋科技创新发展的回顾与思考 [J] . 海洋开发与管理，34 (10)：6-9.

全立梅，王守栋，王素焕，等 . 2018. 国外海洋科技创新体系对天津的启示 [J] . 天津科技，45 (12)：11-15.

盛朝迅 . 2020. 促进海洋战略性新兴产业高质量发展 [N/OL] . https：//baijiahao. baidu. com/s? id=1675605382129336355&wfr=spider&for=pc [2020-08-21] .

石颖，刘晓萍 . 2020. 以国家实验室为抓手推进科技创新体制机制改革 [J] . 中国经贸导刊，(8)（下）：30-33.
孙久文，高宇杰．2021. 中国海洋经济发展研究［J］．区域经济评论，(1)：38-47.
王琪，王璇．2011. 我国海洋教育在海洋人才培养中的不足与对策［J］．科学与管理，(6)：62-68.
王伟海，姜峰．2018. 推进海洋领域军民融合深度发展［J］．中国国情国力，(10)：26-28.
吴园涛，段晓男，沈刚，等．2021. 强化我国海洋领域国家战略科技力量的思考与建议［J］．地球科学进展，36（04)：413-420.
徐永其，陆建兰，王凤琴．2020. 基于江苏海洋强省战略的海洋创新型人才开发保障体系建设研究［J］．大陆桥视野，(2)：62-65.
徐质斌．1995. 海洋科技成果应用推广中的问题及解决思路［J］．海洋技术，(4)：92-95.
杨继超，曾渤然，袁持平．2021. 海洋产业科技创新：省域空间差异、原因及对策［J］．四川轻化工大学学报（社会科学版)，36（1)：57-76.
Leveque J P, Drogou J F. 2006. Operational overview of NAUTILE deep submergence vehicle since 2001, Proceedings of Underwater Intervention Conference, New Orleans, LA, Marine Technology Society.
Nanba N, Morrihana H, Nkamura E, et al. 1990. Development of deep submergence research vehicle "SHINKAI 6500", Techn Rev Mitsubishi, Heavy Industries Ltd, 27: 157-168.

第八章　拓展海洋发展空间的制度创新

我国已进入高质量发展阶段，推进高质量发展成为拓展海洋发展空间的内在要求，而海洋经济高质量发展是海洋高质量发展的核心内容。海洋高质量发展是海洋经济的量增长到一定阶段后，围绕海洋综合实力提高、海洋产业结构优化、海洋社会福利分配改善、海洋生态环境和谐的系统化综合目标，涉海经济—社会—资源环境系统实现动态平衡和良性互动的过程。在海洋由低质低效发展向高质量发展转换的这一重大变革过程中，海洋经济发展模式应由数量维向质量维转变，发展动力由规模扩张向产业结构优化升级转换，驱动要素由传统海洋要素向创新要素转换，资源要素由陆海分割向陆海一体化高效配置转变，并最终通过新旧动能转换实现海洋发展提质增效①，而制度因素在其中发挥着关键基础性作用。满足高质量发展要求的制度供给就是要顺应海洋发展的基本规律，瞄准海洋发展动能转变的重要环节，致力于破解当前发展中的问题和短板，提出海洋发展制度创新的方向和重点，为海洋高质量发展保驾护航。

一、海洋发展空间拓展与制度创新的关系

制度因素是衡量海洋发展环境的重要指标，也是优化海洋资源配置、催生新的经济增长点形成的重要因子。对制度与海洋发展质量关系的认识，不仅可以依据制度经济学基本原理去理解，而且要结合海洋发展的特殊性从海洋发展的基本特征与规律中加以深化。

---

① 韩增林，李博．海洋经济高质量的意涵及对策探讨［J］．中国海洋大学学报（社会科学版），2019（5）：13-15。

（一）制度因素是海洋发展的重要内生要素和关键性因子

新制度经济学认为，制度降低了经济发展中的交易成本，规定了经济发展中的激励机制，创造了经济发展的合作条件，也可以减少和约束经济发展中的破坏行为，因而是经济发展的重要内生变量。高效率的制度体系能有效促进经济发展，甚至成为经济增长的重要动力源泉；相反，无效率的制度体系抑制甚至阻碍经济发展，成为经济发展新动能营造的重大障碍。在一国经济发展的不同时期，自然禀赋、资本、劳动力、技术等因素固然是经济发展的重要促进和制约因素，然而制度因素同样也是影响经济发展的重要原因，而且随着经济发展主体的日益多元、内涵的日益丰富、分工的日趋精细、协作的更加广泛，制度供给对经济发展的重要性也在逐步提升，已成为经济发展的关键性因子。

海洋经济发展（增长）是资本、技术、人力资本与制度等内生要素数量增加、结构变化、质量改善的结果，而各要素对海洋经济发展的作用与贡献不同。多数海洋活动对技术要求高、需要投入的资金大、预期收益不明确，而且更为重要的是，与陆地资源相比，海洋资源具有普遍的公共物品特性，这就决定了海洋经济要素本身的特征、要素投入过程，以及海洋经济活动中人的行为都要受制于制度保障和规制①。从现代海洋开发活动高技术、高投入、高风险的基本特点以及各种海洋开发活动之间、海陆经济活动之间联系的密切性角度认识，海洋经济发展对制度因素的依赖程度比陆地经济发展更深，制度因素已成为现代海洋经济发展必须高度关注的重要方面。

（二）海洋高质量发展依赖于制度创新

经过 20 世纪 90 年代以来的快速发展，世界范围内海洋经济发展

---

① 陈明宝．海洋经济高质量发展的制度创新逻辑［J］．中国海洋大学学报（社会科学版），2019（5）：15-18。

的地理空间、资源范畴、产业门类、技术水平已经得到了极大的拓展，全球性资源环境危机加剧、发展空间挤压、安全冲突频现促使世界各国对海洋开发的重视程度不断提升，围绕新兴海洋资源、深海大洋空间利用的国际竞争日益激烈，人类对海洋认知的有限性和海洋开发实践快速发展的矛盾更加明显，给各国海洋经济发展要素投入能力建设提出了更高的要求。对于海洋国家特别是后发海洋国家来说，如何通过好的制度安排激发技术、资本与人力资本的优化组合，推动技术创新与技术进步，加速资本的汇集，减少海洋资源开发过程中技术与资本短缺，降低风险与不确定性，提高物质资本和人力资本的生产效率，推动海洋经济的增长，已经成为海洋发展的重要任务。

我国是后起海洋国家，过去几十年海洋经济实力的快速提升及其在国民经济中地位的显著提高使得海洋发展在国家发展和安全全局中的战略地位已经上升到了前所未有的高度，更在当前国家推进高质量发展中占据突出重要的地位。海洋是高质量发展战略要地，海洋经济的高质量发展对于撬动国家经济的高质量发展已经担负着重要使命。但是应该看到，长期以陆地经济为依托的经济发展传统导致海洋经济发展有着先天不足的短板，海洋经济与发达海洋国家有着明显的差距，也不能满足当前形势下高质量发展的基本要求，海洋经济发展动力不足是影响当前海洋产业转型升级和海洋经济发展方式转变的重要因素，而包括体制机制和政策在内的涉海制度环境不优仍然是海洋经济新旧动能转换步伐缓慢的重要原因。从未来推进海洋经济高质量发展的重点来看，新经济要素、新兴产业的培育仍将是主要方向，面对日益复杂多变的海洋经济发展环境，如何发挥制度的基础性作用，促进资本、技术、人才的融合和向海洋领域集聚、促进新海洋产业形态的形成和发展，理应成为推进海洋经济高质量发展努力的重要方向。

（三）海洋高质量发展的制度创新需求是基础性的和全面的

海洋经济高质量发展是一项复杂的系统工程，涉及资源可持续利用、现代产业体系构建、科技竞争力提升、生态环境保护、国际海洋合作等方方面面的内容。推进海洋经济的高质量发展，不仅要着力于解决不同领域与高质量发展要求相悖的各种突出问题，而且要考虑如何从整体上去协调海洋经济系统内部不同规模、不同层次、不同结构、不同功能的海洋经济要素之间及其与外部环境之间的关系。一直以来，对海洋经济发展中制度问题一直都有持续的探讨，但目前为止研究不够深入，现有的制度研究多集中于个别制度层面，包括基础性的海洋资源产权制度、资源配置制度等方面，尚未构建起完整的海洋经济发展的制度体系，特别是缺乏对海洋资源开发与利用的不确定性、复杂性与风险性制度的全面考察，对新兴产业出现与发展的制度创新需求缺乏深入的理解，这导致在缺乏有效的制度安排下海洋经济发展动力不足①。有鉴于此，当前形势下的海洋经济高质量发展的制度创新固然要强调重点突破、循序渐进，但不能寄希望于通过某一个方面或某几项制度的变革来达成预期目标，必须从高质量发展的系统性要求出发，从综合集成的视角，致力于构建起完整的海洋经济发展的制度体系，才能使技术、资本与劳动力等要素充分耦合、综合发挥作用，从而获得效率、效益、公平等兼顾的最大产出。

二、海洋发展空间拓展制度供给的出发点

从海洋资源与环境特性及经济发展的规律来看，海洋发展制度创新至少应该包括应对海洋资源开发与利用中的不确定性、为海洋经济创新发展培育条件、解决海洋经济发展的环境外部性等三个方面的需求，这些方面也应该成为海洋高质量发展制度供给的基本出发点。

（一）协调不同海洋资源开发与利用方式之间的关系

与陆地区域空间不同，海域空间具有多层次复合性的特点，同一

---

① 陈明宝．海洋经济高质量发展的制度创新逻辑［J］．中国海洋大学学报（社会科学版），2019（5）：15-18。

海域多种资源共存，并且在种类、用途上差异明显。海域空间的多层次复合性、多功能性特点决定了海洋开发利用的多行业性，多行业立体化开发以及对同一海区某种资源争相开发现象的广泛存在，要求政府必须通过强有力的监督约束和协调力量来规范海洋开发行为，避免海洋开发的无序状态，最大限度地保护海洋资源与环境，促进海洋可持续发展。海洋资源开发程度越高，涉海行业越多，这种协调功能越要加强，政府的作用越突出。这就要求政府必须树立统筹兼顾、综合平衡的观念，兼顾海洋空间的所有功能，充分考虑各行业之间的相互关系，在保证整体利益最大化的前提下，实现各种资源的有效利用和各部门的有机配合。要发挥规划的引导作用，并借助综合管理机制对各种海洋开发活动进行组织、指导、协调、控制和监督，确保海洋生产空间高效、生活空间优质、生态空间优良。无论从当前海洋开发问题的解决还是从长远海洋开发良好格局的打造来看，协调不同用海方式之间的关系都是制度供给目前需要达到的首要目标。

（二）培育海洋经济创新发展的条件和动力

发展条件和动力培育是优化海洋经济发展整体环境、解决当前海洋经济发展低质低效和活力竞争力不足等的重要途径，是新旧动能转换的关键，在海洋经济政策供给中居于核心地位。

基于海洋经济发展条件和动力培育的海洋经济制度创新，首当其冲的是要瞄准海洋经济发展中至关重要的科技发展滞后、人才短缺、科技成果转化缓慢等问题集中发力。当前国际范围内海洋领域的竞争说到底仍然是科技实力的竞争，特别是在国际海洋开发日益走向深海大洋的形势下，科技实力更是参与国际海洋开发合作、参与全球海洋治理、提高在国际海洋事务中话语权的关键支撑。以科技创新推动海洋经济高质量发展，是贯彻新发展理念、破解当前海洋经济发展中突出矛盾和问题的关键，是新时代海洋经济转型发展的必然选择，也是加快实施海洋强国建设的迫切要求。因此，海洋高质量发展制度供给必须从有利于科技人才培养与使用、推动重大科技创新、促进创新链和产业链融合等视角，从科技体制、机制、政策等方面，努力优化科技创新的制度环境。

与此同时，要结合海洋产业结构调整的需要，从推动传统产业转型升级、战略性新兴产业培育角度，加强重点领域、重点行业的制度供给，并围绕海洋经济发展主体积极性的提升，着力加大财税金融、资本市场、劳动力市场、权利保护和利益分配等方面制度创新的力度。

（三）应对海洋经济发展的生态环境外部性影响

海洋生态环境复杂而且脆弱，海水的流动性决定了海洋生态环境破坏的影响容易产生联带效应，而且短期内难以恢复。某一区域海洋的开发利用不仅影响本区域内的自然生态环境和经济效益，而且必然影响到邻近海域甚至更大范围内的生态环境和经济效益。一旦因人类的不合理开发破坏了某种海洋资源的生存状况，污染了某处海洋环境，就将对其他海洋资源的生存、其他海区海洋环境的质量产生直接或间接的影响，并有可能危及海岸带资源、环境和经济的发展。海洋环境之间的这种连带作用，使海洋开发暗含着极大的风险性，稍有不慎就可能影响全局和长远。而企业或个人则往往从自身利益、眼前利益出发，不会或不考虑海洋经济发展的全局和长远利益，因此，海洋开发利用过程中经常出现顾此失彼、经济发展与环境污染同时出现的状况。减少海洋环境污染的影响面，防止其负面效应发生，需要企业、个人和政府等各方力量的共同努力，但政府的职能和作用决定了其比企业和个人负有更大的责任。

从海洋经济可持续发展的基本要求出发，针对日益严峻的海洋生态环境保护形势，政府理应扮演好公共产品提供者和公共利益维护者的角色，在海洋生态建设和环境保护中发挥好组织、协调和监督的作用。一方面，通过制定一定的政策，鼓励企业、个人积极参与海洋环境保护的活动；另一方面，采取各种措施合理配置资源，强化海洋生态环境管制，防止不合理海洋开发对生态环境的损害。

三、海洋高质量发展制度供给的基本思路

海洋高质量发展是国家整体经济高质量发展的重要组成部分，相关制度的建设要遵循国家全局性高质量发展的总体理念要求，同时兼顾海洋自身发展的规律、特点，形成有针对性的基本遵循，确保制度建设坚持科学合理的方向。

（一）贯彻新发展理念

海洋高质量发展是在“创新、协调、绿色、开放、共享”新发展理念指导下的发展过程，因此新发展理念应该作为制度供给的首要原则。一是瞄准“创新”动力营造，立足自主创新、突破海洋开发利用与管控的关键核心技术，集中力量实施重大科技创新工程，着眼于长远培育创新人才，激发海洋科技系统的成果产出，形成海洋系统发展动力。二是以“协调”为发展基调，协同发展海洋经济、海洋资源、海洋环境、海洋科技、海洋社会五大系统，实现海洋经济与海岸带经济的协调发展。三是以“绿色”为发展保障，严守生态功能基线、环境安全底线，健全海洋生态环境动态监测和监管机制，健全海洋自然资源资产监管体系，保护海洋资源系统和海洋环境系统。四是以“开放”为战略视野，坚持以“走出去”和“引进来”相结合统筹国际和国内两个大局，推进海洋领域国际产能合作、技术输出和国际高精尖技术引进，在全面开放新格局中实现海洋高质量发展。五是以“共享”为重要目标，增进全体人民的福祉，共享海洋经济发展成果。

（二）问题导向和目标导向相结合确立制度供给基本框架

坚持问题导向，就是要以解决海洋经济发展中的不平衡、不充分、不协调、不可持续的问题为重点，围绕科技创新不足、开发方式

粗放、公共服务能力不足等制约海洋高质量发展的重大问题进行制度设计。坚持目标导向，就是要求制度设计应有利于转换海洋经济发展模式，完善现代海洋产业体系，推动海洋产业与资源环境协调发展，助推海洋强国建设。要按照问题导向和目标导向相结合的基本思路，围绕高质量发展的质量变革、效率变革、动力变革的核心要求，聚焦重点领域、瞄准重大问题，加快存量优化步伐，持续扩大优质增量供给，不断完善海洋制度框架体系，推动海洋经济在实现高质量发展上取得新进展，增强海洋经济服务于国民经济发展和国家安全的能力，夯实海洋强国建设基础。

（三）统筹协调海陆高质量发展相关制度安排的关系

立足海陆之间自然和社会经济发展客观上存在的必然联系特征，顺应陆海统筹、加快建设海洋强国的要求，从海陆互动和一体化发展视角，将海洋经济的高质量发展和陆地区域经济的高质量发展联系起来。围绕资源开发、基础设施建设、产业发展、国土开发空间布局、生态环境保护等重点领域，协调好海洋经济高质量发展制度供给和陆地区域经济高质量发展制度的关系，特别要做好海陆资源接续、用地用海转化、海陆科技融合创新、海陆生态环境保护与治理等方面政策的衔接，确保海陆经济协调发展。

四、海洋高质量发展制度创新的重点方向

从海洋高质量发展与制度创新的关系出发，结合我国推进海洋强国建设的目标需求和制度支撑体系存在的主要问题，未来海洋制度创新要围绕基础性制度、要素培育制度和约束性制度三个维度①，加快补齐海洋法律法规制度不完善、产权制度不健全、竞争制度不够公平、要素市场发育滞后等短板和弱项，建立健全体现新发展理念的法

---

① 陈明宝．海洋经济高质量发展的制度创新逻辑［J］．中国海洋大学学报（社会科学版），2019（5）：15-18。

律法规体系，健全海洋资源高效利用和环境保护的生态文明制度体系，落实海洋科技创新和成果转化制度，完善推进海洋经济高质量发展的评价体系，为释放海洋经济发展潜能和提高发展质量夯实制度基础。

（一）夯实基础性制度

基础性制度是指在海洋经济发展中居于基础地位，主要着眼于为海洋经济高质量发展进行统筹协调和提供法理依据的相关制度，是其他海洋经济发展政策制定的基本依据。未来我国海洋基础性制度建设主要围绕海洋发展顶层设计、海洋产权与利用、海洋法制建设、海洋行政执法与监督机制等方面展开。

针对我国当前海洋发展国家层面上宏观统筹协调不足的实际，要重视海洋战略问题研究，结合国家机构改革，理顺国家海洋管理体制，完善涉海管理机构和职能设定，加快国家海洋战略和涉海发展专项规划的制定，同时推动国家海洋咨询和决策机制、海洋信息公开化制度、海洋经济高质量发展评价体系和绩效考核制度等的配套建设。特别是要加强陆海统筹发展体制机制和制度化建设，要在顶层设计、总体布局、协调规划、执行机构和保障制度上体现陆地和海洋的联动性和互补性，重点围绕资源环境管理、科技创新、产业发展以及安全等方面，加快陆海相关法律、制度、政策的修订完善和衔接。

高度重视涉海立法工作。针对海洋法律法规制度存在“缺”“散”“旧”“软”等问题，一方面，要结合国内涉海管理体制调整和海上对外开放合作发展的要求，加快推进现有涉海法律法规不适应新形势变化条款的“立改废释”工作，重点做好《中华人民共和国海域使用管理法》《中华人民共和国海洋环境保护法》《中华人民共和国海岛保护法》《中华人民共和国海洋倾废管理条例》等法律法规以及《海域使用权管理规定》《围填海计划管理办法》《海岸线保护与利用管理办法》《海洋功能区划管理规定》等规章的修订，研究制定

《中华人民共和国领海及毗连区法》《中华人民共和国专属经济区和大陆架法》《中华人民共和国深海海底区域资源勘探开发法》配套的实施细则或实施条例，推进国内海洋立法与国际海洋法律接轨；另一方面，加快“海洋基本法”的制定，以综合性、纲领性法律明确国家管辖海域的范围及其法律地位，规定公民、法人和其他社会组织在国家管辖海域从事各项活动的基本权利、义务以及国家机关的权力和责任，明确海洋基础性体制制度，解决现行海洋法律上位法缺失的问题。结合立法工作，完善海洋行政执法权力监督机制，提高海洋行政执法工作透明度、设立独立专职的监督部门、建立海洋行政问责制度等。

推进海洋产权制度改革。健全海洋资产产权制度，推进海域海岛资源市场化配置改革，落实海域海岛资源产权主体的权利，完善所有权及其派生的使用权、经营权、租赁权、收益权等各种产权制度；推动海域海岛资源所有权与使用权分离，推进海域海岛使用权确权登记法治化、规范化、标准化、信息化；健全以公平为原则的产权保护制度，使各类产权依法得到平等保护。完善用海用岛市场化配置制度，健全海域使用权和无居民海岛使用权依法转让、出让、抵押、出租、作价出资（入股）等权能，完善海域、无居民海岛使用权招标拍卖等市场化出让管理办法，完善出让价格评估制度和技术标准，完善海域、无居民海岛使用权交易的公平竞争制度，合理划分中央和地方政府对全民所有海域海岛资源资产的处置权限，正确处理资源资产收益在各级政府之间的分配。

（二）完善要素培育制度

要素培育制度是海洋经济高质量发展的核心支撑，是培育海洋经济发展动力、促进新旧动能转换的关键环节。要素培育制度主要包括科技制度、人力资本制度和财税金融制度等方面。

加快海洋科技制度创新。健全海洋科技成果登记、信息发布和示范推广应用制度，完善政策支持、要素投入、激励保障、服务监管、科技成果转化反馈等长效机制。完善新技术新业态知识产权保护制度，落实研发费用加计扣除等国家鼓励创新的各项政策，健全国家、省、市、县四级海洋科技创新成果奖励制度。建立科技成果权益初始分配和转化许可制度，赋予科研人员拥有职务科技成果的所有权和长期使用权。发挥产业基金的引导作用，扩大对海洋科技创新型企业基金分配使用的比例。

加大财政、金融、税收等政策向海洋经济高质量发展领域、地区和行业的支持力度。加大中央和地方财政支持海洋技术研发、海洋高新技术产业发展、海洋经济创新发展示范、海洋生态保护修复的支持力度。支持地方建立海洋产业发展基金或贷款风险补偿资金，通过采取贷款贴息、政策性担保等方式缓释涉海企业贷款风险，吸引商业性贷款支持。发挥政策性金融的主导作用，通过低息贷款、延长信贷周期、贷款贴息等方式，加大对国家鼓励类海洋产业的信贷支持。支持海洋高新技术企业在科创板、创业板、新三板等上市融资，支持优质涉海企业发行企业债、公司债、短期融资券、中期票据、中小企业私募债等债务性融资工具。对鼓励类①海洋产业企业实施优惠的税收政策。

完善海洋人力资本制度。针对当前我国海洋发展中人才总量短缺和结构性问题突出的实际，重点围绕人才培养与培育、人才引进与使用以及人才创新创业激励等方面，建立健全相关制度安排，促进海洋经济发展过程中人力资本的形成和作用的充分发展。

优化营商环境。持续深化“放管服”改革，提高企业开办、产权登记、经营许可等效率，有效降低制度性交易成本，不断缩小营商环境的制度供给与企业运营需求的差距，营造公平的市场环境，推动服务型政府建设，优化海洋经济高质量发展环境。

---

① 鼓励类海洋产业：指《产业结构调整指导目录（2019 年）》《鼓励外商投资产业目录（2019 年）》及今后的修订版，鼓励发展类产业中有关的海洋产业。

（三）强化约束性制度

良好的资源环境条件是海洋高质量发展重要基础，保持资源环境的可持续利用也是海洋高质量发展所要达到的重要目标。习近平总书记指出，只有实行最严格的制度、最严密的法治，才能为生态文明建设提供可靠保障。因此，必须根据生态文明建设的总体要求，将海洋生态环境保护纳入高质量发展的考量，构建包括资源利用管控、生态环境保护及相关政策和管理机制等的约束性制度，严格约束海洋开发与保护行为，引导企业与居民的海洋保护意识，逐步形成稳中有序的海洋经济发展秩序。

实行海洋资源利用总量管控制度。严格控制围填海项目审批，健全围填海项目后评估制度。执行海洋渔业资源捕捞限额总量控制和捕捞许可证制度。落实自然岸线保有率指标，研究建立海岸线使用占补平衡制度。建立海域和无居民海岛使用权出让最低价标准动态调整机制，构建有利于海洋资源有偿使用的成本核算机制、价格形成机制和市场交易机制，逐步推进经营性用海用岛市场化配置，让价值规律、竞争规律和供求规律在资源配置中发挥决定性作用。

落实海洋生态环境保护制度。严守海洋生态保护红线，全面清理非法占用红线区域内的围填海项目，强化海洋保护区管理。建立重要海洋生态空间用途管制和转用制度，明确中央和地方政府履行海洋生态空间用途管制的职责，构建陆海协调、人海和谐的海洋空间开发格局。健全海洋生态系统保护和修复制度，提高各级财政支持退围还海、退养还滩、退耕还湿的力度，修复被破坏的滨海湿地。推进陆地环境保护与海洋环境保护制度的有效衔接，实施重点海域主要污染物排海总量控制制度。完善海洋环境调查、监测、监视、评价制度，建立海洋绿色考核指标体系，健全海洋环境污染索赔制度。严格执行用海用岛项目环境影响评价、海洋工程建设项目环境保护“三同时”制度。研究建立海洋生态保护补偿制度，落实海洋生态环境损害赔偿制度。建立海洋环境税收制度，设立海洋专项税种及管理办法、优化基于环境保护的海洋经济税收优惠体系。

完善海洋生态环境监督、反馈和危机管理制度。建立国家监督和自行反馈信息制度、建立社会监督和反馈制度、建立海洋重点海域“湾长制”。加快海洋环境危机应对立法进程，完善海洋灾害预警机制建设，提高政府海洋危机信息处理能力。

主要参考文献

白春礼 . 2020-01-06. 加快完善科技创新体制机制为建设创新型国家提供制度保障［N］. 学习时报，(01) .

陈明宝 . 2019. 海洋经济高质量发展的制度创新逻辑［J］. 中国海洋大学学报（社会科学版），(5)：15-18.

韩增林，李博 . 2019. 海洋经济高质量发展的意涵及对策探讨［J］. 中国海洋大学学报（社会科学版），(5)：13-15.

刘伟 . 2020-04-17. 为经济高质量发展奠定坚实制度基础［N］. 人民日报，(09) .

卢现祥 . 2020. 高质量发展的体制制度基础与结构性改革［J］. 社会科学战线，(5)：61-67.

任筱锋 . 2019. 对“国家海洋基本法”起草工作的几点思考［J］. 边界与海洋研究，4 (4)：34-38.

宋建军 . 2020. 以制度创新引领海洋经济高质量发展［J］. 中国国土资源经济，33 (08)：4-8+35.

王微 . 2020-06-08. 新时代经济体制改革的核心是三大基础性制度［N］. 中国经济时报，(04) .

徐彬 . 2020-03-12. 打通制度政策梗阻 促进科技成果转化［N］. 中国改革报，(02) .

殷德生 . 2020-04-18. 制度供给是“在线新经济”强引擎［N］. 文汇报，(03) .

曾铮 . 2020-06-09. 要素市场化配置改革要重视三类制度建设［N］. 经济日报，(11) .

钟骁勇，潘弘韬，李彦华 . 2020. 我国自然资源资产产权制度改革的思考［J］. 中国矿业，29 (4)：11-15+44.